VILLE DU VIGAN.

PROJET

DE PRISE ET D'ÉLÉVATION DE LA SOURCE D'ISIS

DANS LA CAVERNE DE CE NOM

ET

DISTRIBUTION INTÉRIEURE

DE SES EAUX

DANS LA VILLE DU VIGAN.

MÉMOIRE A L'APPUI.

LE VIGAN, IMPRIMERIE D'ARGELLIÈS.

1862.

—

PROJET

DE PRISE ET D'ÉLÉVATION DE LA SOURCE D'ISIS

DANS LA CAVERNE DE CE NOM

ET

DISTRIBUTION INTÉRIEURE

DANS LA VILLE DU VIGAN.

PROJET

DE PRISE ET D'ÉLÉVATION DE LA SOURCE D'ISIS

DANS LA CAVERNE DE CE NOM

ET

DISTRIBUTION INTÉRIEURE

DANS LA VILLE DU VIGAN.

MÉMOIRE A L'APPUI.

LE VIGAN, IMPRIMERIE D'ARGELLIÉS.

1862.

INTRODUCTION.

Le 8 février 1861, le Conseil municipal de la ville du Vigan nous confia le double projet de captation de la source d'Isis, en un point supérieur à son niveau actuel, et de distribution de ses eaux dans l'intérieur de la ville.

Le 15 juin de l'année dernière nous eûmes l'honneur de lui faire connaître les observations que nous avions faites sur le régime de cette source, et desquelles il résultait :.

Que dans les conditions exceptionnelles où elle se trouve et vu les nombreuses fuites d'eau qui s'échappent d'une infinité de points, tant à l'extérieur du bassin de prise actuel que plus bas dans la vallée, il n'était pas possible de la jauger, et encore moins de préjuger le volume d'eau qui pourrait être dérivé.

Qu'en cet état de choses et quelques complètes que pussent être, du reste, les observations géologiques ; — dussent-elles permettre, par exemple, d'affirmer que le point d'émergence actuel pourrait être surélevé sans danger, — il n'en était pas moins certain que ces déductions théoriques resteraient toujours tout au moins vagues et indéterminées, en ce qui concerne le niveau réel de la surélévation et le volume disponible à cette hauteur.

Que ces deux données, élémentaires cependant en matière de prise d'eau, étant incertaines, le niveau, l'emplacement et les dimensions de la dérivation , de même que les diamètres des tuyaux de distribution ne pourraient être fixés qu'au hasard.

Qu'en conséquence et pour ne pas exposer la ville du Vigan aux plus graves mécomptes , il était indispensable , préalablement à la rédaction des projets d'amenée et de distribution , que le projet de prise d'eau que nous avions dressé fut exécuté.

Cette assemblée adoptant nos conclusions , amendées en ce qui concerne la possibilité d'exécuter immédiatement la distribution en ville des quartiers actuellement servis , en admettant une dérivation de 50 litres par seconde , décida le 5 août 1861 :

Qu'à notre projet de prise d'eau de la source d'Isis , seraient joints un devis de restauration de l'aqueduc d'amenée actuel et le projet d'une distribution en ville dans les quartiers actuellement alimentés , le tout évalué approximativement à la somme de 56,000 fr.

Nous n'avons pas à justifier ici les projets qui nous occupent , et que le Conseil municipal du Vigan place depuis deux ans en tête et hors ligne des autres projets d'utilité communale dont il poursuit la réalisation.

Il est d'ailleurs des considérations d'un certain ordre qui , quelques majeures qu'elles puissent être, ne sauraient trouver place dans le cadre que nous trace notre mandat.

Du reste , et avec bien plus d'autorité que nous n'en avons, d'autres (nous en sommes convaincu) sauront faire valoir ailleurs tous les mérites, les avantages et l'économie de l'œuvre municipale , ainsi que les nombreux et palpitants intérêts en souffrance qui commandent impérieusement sont exécution immédiate.

Mais s'il est des considérations, disons-nous, que nous devons savoir passer sous silence, il en est d'autres, au contraire, qui par leur nature et leur caractère tout exceptionnels, nous mettent pour ainsi dire en demeure de les faire valoir. — Elles se rattachent et se lient si intimément à la question des travaux, qu'on ne saurait les séparer de l'exposé de ces derniers, sans le scinder et nous mettre par là dans l'impossibilité de justifier complétement les dispositions que nous avons arrêtées.

Ainsi de même qu'un exposé général de la canalisation tant ancienne qu'actuelle, nous paraît indispensable pour compléter et corroborer les résultats de notre étude hydrogéologique sur la source d'Isis; — de même nous nous croirons plus tard dans l'obligation de soulever pour les détruire, les objections que peuvent suggérer les travaux projetés, en même temps que nous ferons valoir ailleurs les conséquences heureuses pour *tous* qui doivent résulter de leur exécution.

Le présent Mémoire se divisera en conséquence en quatre sections, que nous classons comme ci-après :

1re SECTION. — *Recherches hydrogéologiques sur la vallée du Vigan en général, et sur la source d'Isis en particulier.*

2me SECTION. — *Notice historique sur les fontaines du Vigan.*

3me SECTION. — *Prise d'eau dans la caverne d'Isis.*

4me SECTION. — *Réparation de l'aqueduc d'amenée et distribution intérieure des eaux de ladite source dans la ville du Vigan.*

Ire Section.

—

RECHERCHES HYDROGÉOLOGIQUES SUR LA SOURCE D'ISIS.

CONSIDÉRATIONS GÉNÉRALES.

Dans les mémoires à l'appui des projets de prise d'eau pour l'alimentation des villes, il est de principe de faire connaître au préalable les niveaux géologiques qui marquent l'apparition de toutes les sources susceptibles d'être dérivées ainsi que les sels solubles que contiennent les roches traversées et auxquels les eaux doivent leurs propriétés utiles ou nuisibles — leur qualité bonne ou mauvaise. — On apprécie aussi, au moyen d'analyses et de jaugeages rigoureux, la composition et le débit de toutes ces émissions d'eau, et la comparaison de ces divers résultats entre eux sert ensuite à déterminer le meilleur choix à faire.

Le projet de prise et d'élévation de la source d'Isis devrait donc, pour être complet, être précédé d'une de ces études analytiques et comparatives au moyen de laquelle nous aurions à justifier la préférence exclusive que l'on a accordée d'avance à cette précieuse source. — Mais nous ne croyons pas qu'il

2

soit nécessaire de se livrer ici à toutes ces recherches minutieuses. — Les avantages considérables que présente la fontaine d'Isis sur les autres sources de la vallée sont consacrés depuis un temps immémorial par la fraîcheur, l'abondance et l'excellence de ses eaux, et aussi par sa proximité de la ville du Vigan où elle peut être amenée rapidement, sans perdre aucune de ses remarquables qualités.

Il serait donc pour ainsi dire sans objet d'entrer dans des développements à cet égard. Cependant nous croyons utile de donner au moins, à titre d'introduction à notre projet, un extrait des considérations générales que nous soumîmes, le 15 juin 1861, au Conseil municipal de la ville du Vigan, sur l'importante question qui nous occupe et dont la solution, si impatiemment attendue à juste titre par le public, semble enfin devoir toucher à son terme.

Ces considérations, quoiqu'un peu longues, seront d'autant mieux placées en tête de ce mémoire, qu'elles ont pour objet de faire connaître, d'une manière générale, la topographie géologique et hydrologique des environs du Vigan, ainsi que le régime et l'origine probables de la source d'Isis. — Elles le compléteront donc, tout en servant à justifier par la suite la plupart des dispositions particulières que nous avons adoptées dans le projet de prise d'eau.

TOPOGRAPHIE, GÉOLOGIE ET HYDROLOGIE

DES ENVIRONS DU VIGAN.

La vallée de la rivière d'Arre, dont la direction est de l'Ouest à l'Est, est bornée au Nord et au Sud par de hautes montagnes granitiques, schisteuses et calcaires, à altitudes variant de 700^m à 1400^m au-dessus du niveau de la mer. — Les points les plus élevés et les plus remarquables sont : au Nord et à l'Ouest, les sommets ou pitons du Cap-de-Coste ; le bois de Montals, la montagne d'Aulas au-dessus de Puéchegut, la chaîne du Lengas et celle de St-Guiral, et au Sud et à l'Est, les masses calcaires de Tessonne, Tude et le point culminant de St-Bresson.

De ces cimes s'échappent, par des chutes rapides et multipliées et en une foule de ramifications, des eaux vives et limpides en temps ordinaire, mais qui devenant troubles et torrentielles par les pluies, scorient tout sur leur passage et roulent au fond des vallées profondes qu'elles ont creusées les produits de leur érosion.

La rivière d'Arre, qui reçoit toutes ces eaux, prend sa source à la montagne de St-Guiral, parcourt le fond du remarquable déchirement de Tessonne, passe au pied du Vigan et va confondre ses eaux, à 7 kilomètres Est de cette ville, avec celles de la rivière d'Hérault, après un trajet de 25 kilomètres.

Ses affluents principaux sont : les torrents d'Aumessas, de Coudouloux, Salagose, des Glèpes, de Coularou et de l'Arboux, qui vivifient de leurs eaux les vallons si diversement variés d'Arrigas, Aumessas, Bréau, Salagose, Aulas, Avèze, Coularou, l'Arboux, etc., etc., auxquels cette intéressante région des Cevennes doit sa réputation.

C'est au centre de ces vallons, au fond des terrains bouleversés que nous allons indiquer, qu'est bâtie la ville du Vigan à la hauteur de 224 mètres au-dessus du niveau de la mer.

Géologie.

La composition géologique de ce bassin est des plus intéressantes.

Une puissante injection granitique, courant N. 80° E. (E. Dumas), qui a donné aux Cevennes leur premier et le plus important relief, limite le Nord de la vallée et descend tout près des villages d'Arrigas, Aumessas, le Caladon, Mars, Serres, le Fesc et Mandagout. La région moyenne est presque entièrement occupée par les schistes et les calcaires des terrains de transition, lesquels à partir du village d'Avèze se poursuivent au Sud-Est et à l'Est en dehors des limites du bassin. — Ce n'est guère qu'au Sud et au fond de la vallée que se montrent des formations plus récentes.

Nous n'avons à nous occuper ici que des deux dernières régions.

Région moyenne.

Les schistes talqueux comprennent, d'après M. E. Dumas, deux bandes de calcaire primitif qui leur sont subordonnés (1). — L'une d'elles, intercalée

(1) Voir pour les renseignements empruntés aux travaux de ce savant géologue la Carte géologique de l'arrondissement du Vigan et le Bulletin de la Société géologique de France. (Réunion extraordinaire à Alais, du 30 août 1846.)

dans les schistes, se montre au Nord dans la direction O.-E. à Arrigas, Aumessas, Serres, le Fesc et au cap des Mourèzes, tandis qu'elle supporte au Sud la montagne de Tude.

L'autre bande serait superposée à ces mêmes schistes. Elle coupe la vallée dans une direction parallèle à la première, passe par Bréau et le Vigan, et s'observe encore à Pommiers et à St-Bresson.

Ces masses schisteuses et calcaires ont leur inclinaison générale S.-S.-E. jusqu'un peu au-delà du village d'Avèze où elles se redressent en sens inverse. — Leurs couches fortement plissées, tourmentées et fracturées, montrent à l'œil le moins exercé les profondes cicatrices des atteintes qu'elles ont subies. Elles se ressentent surtout de leur contact avec le granite qui les a chauffées et soulevées.

Les schistes ont été durcis et ont changé de couleur et d'aspect ; ils sont tout pénétrés de quartz et deviennent maclés et même micacés.

Les calcaires complétement métamorphosés sont tantôt cristallins, blancs ou gris, tantôt transformés en dolomie. Leur stratification se montre parfois des plus diffuses ; de plus, ils sont très caverneux et les restes des débris organiques qu'ils ont dû recéler ont disparu dans le métamorphisme.

Ces schistes et ces calcaires sont pénétrés des mêmes filons métallifères, de quartz et de porphyre qui sont venus les rompre ou remplir les fentes des nombreuses fractures ou failles qui se firent lors de leur dislocation dans la direction générale O.-E.

<table><tr><td>Région du Sud.</td><td>Dans la plaine de Cavaillac, une dénudation du Trias, recouverte en partie par le dépôt ditritique, des rivières d'Arre et de Coudouloux, met à nu un bassin houiller qui vient s'épanouir sur les schistes talqueux et les calcaires primitifs. Ce dépôt qui montre aussi des traces de son existence aux environs des mas de la Bouisse et de la Fabrègue, semble plonger rapidement au Sud-Ouest au-dessous de l'imposant escarpement de Tessonne, où il est recouvert par les grés et les marnes gypsifères du Trias. Au-dessus de ce dernier étage s'observe, par gradins successifs, une belle série de couches dépendant des étages de la formation jurassique dont le soulèvement a donné aux Cevennes le dernier relief que nous lui voyons. La coupe de ces terrains, que nous avons relevée à la montagne de Tessonne, peut être donnée comme suit en remontant :</td></tr></table>

TERRAINS.	ÉTAGES.	COMPOSITION GÉNÉRALE.	LOCALITÉS FOSSILIFÈRES.
TERRAIN TRIASIQUE.	Keuper.	Grès, marnes bariolées, calcaire plus ou moins marneux.	Débris organiques fossiles à Aire-Ventouse.
TERRAIN JURASSIQUE.	Dolomie Infra-Liasique . . .	Calcaire jaunâtre plus ou moins dolomitique.	Absence de débris organiques.
	Lias.	Calcaire à Belemnites. . . .	Fossiles caractéristiques à Aurières et le Tour.
	Marnes Supra-Liasiques. . .	Rudiment argilo-calcaire. .	Fossiles caractéristiques à Aurières.
	Oolite inférieure..	Calcaire marneux, compacte, ou siliceux surmonté de dolomie caverneuse	Fossiles caractéristiques à Cazevieille et le Tour.
	Base du Callovien	1° Calcaire oolitique et calcaire madréporique. 2° Calcaire plus ou moins dolomitique . .	Débris organiques communs aux étages Bathonien et Callovien entre Aire-Ventouse et Aurières.
	Oxfordien et passage au Corallien	1° Série de couches de calcaire marneux, de calcaire compacte gris bleuâtre comprenant des bancs de pierres lithographiques. 2° Grands escarpements de calcaire gris clair passant à la dolomie compacte.	Fossiles caractéristiques dans toute l'étendue de la chaîne et des Causses.

Hydrologie. Comme les calcaires primitifs, la série d'étages jurassiques énumérée ci-dessus est très caverneuse et montre à la surface du sol oxfordien de nombreuses fissures et des ouvertures béantes de puits naturels, connus sous le nom d'*avens*. Ces avens absorbent toutes les eaux atmosphériques que reçoivent les Causses stériles de Montdardier, Rogues, Blandas. Ils traversent dans toute son épaisseur le puissant dépôt calcaire, et comme les marnes oxfordiennes de l'oolite inférieure et du lias supérieur manquent ou ne sont qu'à l'état rudimentaire dans cette région, les eaux ne sont arrêtées dans leur descente que par les marnes imperméables du Trias.

A ce niveau, les masses liquides sont recueillies dans de vastes cavernes alimentaires des nombreuses sources qui naissent au pied de Tessonne et dont les plus importantes sont celles de la Paro, Lasfons, l'Arre et l'Embrusquière.

C'est ainsi que s'explique pour nous l'absence de toute source un peu importante dans les couches supérieures au Trias, tandis qu'on les trouve si nombreuses et si abondantes dans les points où les marnes de ce terrain affleurent.

Ce ne peut donc être que par une exception très explicable, du reste, qu'apparaissent momentanément d'autres sources au-dessus de ce niveau d'eau. Les remarquables évens de Bez entre autres, ouverts à une assez grande hauteur dans la dolomie Infra-Liasique, et qui coulent si fortement après d'abondantes averses sur le Causse, ne représentent pour nous que les fissures supérieures des cavernes alimentaires des sources précitées, par où s'échappe leur trop plein. — La preuve qu'il doit en être ainsi, c'est que par des pluies ordinaires, même de longue durée, ces évens ne fonctionnent pas, tandis qu'ils devraient incontestablement couler, si, comme on est porté à le croire au premier abord , leur alimentation se faisait directement par les eaux des Causses qu'arrêterait dans leur chute une couche imperméable de la dolomie Infra-Liasique.

Il n'a été fait aucune analyse des eaux des sources dont nous nous occupons, mais par suite de leur séjour plus ou moins prolongé au contact des marnes gypsifères, et à la grande quantité de carbonate calcaire qu'elles contiennent en dissolution et qu'elles déposent sous forme de tuf à leur sortie des flancs de la montagne de Tessonne, il est permis d'admettre qu'elles sont de qualité médiocre. C'est même probablement à leur usage que l'on doit attribuer les cas de goître qui se rencontrent à l'état permanent, si ce n'est d'une manière endémique, dans cette partie supérieure de la vallée d'Arre.

Les terrains anciens ou de transition, considérés à leur tour sous le rapport de leur richesse en sources, ne présentent pas de grandes émissions d'eau. Aucune source un peu importante ne se montre dans les schistes talqueux proprement dits, en général imperméables. Ce n'est qu'à leur point de contact avec les calcaires primitifs qui les recouvrent ou qui y sont intercalés qu'on en rencontre ayant une importance relative telles que celles du mas Cablat (Gaujac), de Coularou et de Vézénobres.

Toutes les eaux des terrains de transition sont en général fraîches et réputées d'assez bonne qualité, sauf cependant celles qui, comme la source du mas Cablat, filtrent au travers de filons métallifères auxquelles elles empruntent des substances nuisibles à l'économie.

Ainsi, si l'on en excepte la source d'Isis qui sort du calcaire primitif, mais qui , par l'importance de son débit et la nature toute particulière de ses eaux, semble faire exception à la règle générale, on peut dire que dans le bassin de la rivière d'Arre, il n'y a à proprement parler que deux niveaux géologiques d'eau :

Le point de contact du calcaire primitif avec les schistes talqueux d'une part ;

Les marnes Triasiques d'autre part.

Examinons en particulier la source d'Isis.

SOURCE D'ISIS.

Grotte d'Isis.   A un kilomètre Sud du Vigan, un peu avant d'arriver au hameau de Roche-belle et immédiatement au-dessus de la route impériale N° 99, se trouve une petite grotte qui n'a de remarquable que le courant d'eau qui la traverse.

Cette grotte, située dans un terrain appartenant à M. d'Espinassous, est ouverte dans le flanc Est du contrefort de calcaire primitif du *Pain de Sucre* qui sépare la vallée de Coudouloux de celle du Vigan. On pourrait l'appeler grotte d'*Isa* ou d'*Ize,* noms sous lesquels la source qui nous occupe et qui n'est autre qu'une fraction du courant de la caverne a été désignée jusqu'en 1695.

On pénètre dans la grotte par un couloir de 2 mètres de largeur moyenne sur 6 mètres de longueur. Les parois de ce couloir sont formées par les plans mêmes des strates calcaires relevés à 56° N.-N.-O., et suivent leur même direction vers le N. 63° 25' O.

Au fond de ce couloir et au Nord, un arceau naturel de 1^{m}75 de hauteur permet l'accès de la caverne dont le sol apparent est fixé à la côte 236^{m}520 au-dessus du niveau de la mer, par l'extrados d'une voûte jetée sur le courant inférieur. A ce niveau, la longueur de la caverne est de 8 mètres et sa largeur de 5 mètres. Bien qu'irrégulière dans toutes ses parties, on peut néanmoins lui assigner une forme trapézoïdale. Les parois Sud et Nord, parallèles entre elles, ont la même direction que le couloir d'entrée, mais leur parement inclinant en sens inverse se réunissent à 5 mètres au-dessus du sol, et donnent à la voûte de la caverne un aspect ogival.

L'inclinaison du parement Nord est de 40° N., tandis que celle du parement Sud plonge comme le couloir à 56° S.-S.-E. Un revêtement stalactitique recouvre toutes les parois.

Du parement Nord de la grotte et en face du couloir d'entrée part un boyau presqu'entièrement obstrué par les stalactites. Sa direction générale est sensiblement au Nord. Le sol est presque constamment en rampe sur toute sa longueur qui est de 32 mètres. Enfin, dans le trajet on rencontre, l'une à 21 mètres de l'origine, l'autre tout-à-fait à la fin, deux petites flaques d'eau qui ont fait croire à ceux qui ont parcouru cette fente à une relation quelconque entre elles et le courant de la caverne.

Nous croyons qu'il n'en est rien.

L'état stagnant de l'eau de ces flaques , sa température toujours égale à celle du milieu où elle se trouve et différente de celle du courant, et aussi sa position à 4 mètres au-dessus du niveau du même courant indiquent suffisamment qu'elle est indépendante de la source, et qu'elle ne doit provenir que des filtrations du toit calcaire.

Pour reconnaître le passage de la source d'Isis dans la caverne , il faut descendre sous la voûte artificielle. On observe alors que des parements Nord et Nord-Ouest , mais surtout de ce dernier point , sortent en basses eaux deux courants qui, après avoir traversé la caverne dans sa longueur, s'échappent de nouveau souterrainement par deux fissures du parement Est. — La température de l'eau est de 10° 1/2 en hiver et de 12° 1/2 en été, et le niveau de l'étiage relevé à la fin de la longue sécheresse de 1859 , était à l'altitude de 233^{m}520. Le plan de l'eau se trouvait alors à 1^{m}40 au-dessus du fond.

Ultérieurement à cette première observation , mais surtout depuis que nous nous occupons plus spécialement de la manière d'être de ce cours d'eau souterrain , nous avons constaté que le nombre des fentes d'émission augmente en même temps que le courant grossit. Malgré la présence de la voûte artificielle, on compte jusqu'à six fissures qui concourent successivement à débiter le produit de la source a mesure que l'eau s'élève et tend à atteindre son maximum de hauteur qui est à la côte de 236^{m}635.

En ce moment, le courant principal de la source est un vrai courant de foudre. L'eau recouvre la voûte artificielle et roule un sable fin presqu'entièrement granitique qui la trouble momentanément. Le sable déposé par une crue est souvent enlevé par une autre , et il résulte de ces dépôts et enlèvement alternatifs, une certaine variabilité dans le niveau de la caverne, lequel oscille entre les cotes 232^m et 232^{m}40.

On comprendra sans peine qu'ainsi située au fond d'une cavité toute crevassée, cette source ne soit pas jaugeable.

Une échelle de hauteur que nous y avons fait placer, nous a néanmoins dévoilé sa sensibilité et ses grandes variations de niveau. — Le moindre orage l'impressionne, et ce qu'il y a de plus remarquable, c'est que pendant la fonte des neiges, tandis qu'il fait beau temps dans la vallée, la source atteint son maximum de hauteur. Nous avons constaté ce fait du 14 au 17 mars dernier (1861). Dans la nuit du 14 au 15 mars, il avait neigé sur la montagne du Lengas ; pendant les jours du 15 et du 16, la neige fondit ; le 17, elle avait entièrement disparu. Or, dans cette courte période de temps, le courant de la grotte, quoique déjà fortement grossi par les pluies du commencement du même mois, accusa à l'échelle une élévation de 0^{m}38 sur l'observation faite le 14.

Si, sortant de la grotte, on examine le terrain à l'extérieur, on observe dans la direction S.-N. une dépression brusque du sol, parallèle au boyau de la caverne, et qui est probablement due à une autre faille ou à un étoilement de la faille principale. Cette dépression met à nu la tranche calcaire et permet ainsi de constater que la masse rocheuse correspondante à la cavité souterraine se comporte exactement comme à l'intérieur.

Les couches du Sud à stratification nette et franche et même un peu lâche se relèvent sous un angle de 56° N.-N.-O., et vont se heurter au Nord contre un massif calcaire très compacte, à stratification diffuse, dont le plan de rupture plonge au Nord sous un angle de 40°.

Cette disposition relative et normale des roches d'un même dépôt indique évidemment une rupture et un dérangement des couches, auquel on peut attribuer sans hésitation aucune la formation première de la caverne et de la fente souterraine que parcourt le courant d'Isis.

Théoriquement, la direction de cette faille devrait être la même que la direction du soulèvement des couches calcaires, c'est-à-dire N. —63° 25'—0.

L'observation directe ne dément pas la théorie.

Un dyke de quartz, situé au Nord de la grotte, sur la limite de la commune d'Avèze, court précisément dans le même sens. Les nombreuses fentes qu'on observe à la surface du sol sur toute l'étendue du massif du Pain de Sucre jalonnent aussi cette direction. — Les éboulements qui se produisirent en 1850, dans le dépôt détritique du Plan et à la suite desquels la source resta trouble pendant un mois, confirmeraient à leur tour cette opinion ; enfin, les vapeurs humides qui s'échappent en hiver des fentes précitées seraient encore une preuve nouvelle que ces dernières représentent autant de soupiraux de la faille que le courant parcourt.

Les grottes de Bréau et de Sarrasin, sensiblement situées sur cet alignement, en dépendraient donc et représenteraient avec la caverne d'Isis autant d'anneaux de la chaîne, de cavités plus ou moins spacieuses qu'occupent la faille et ses ramifications.

Cours supérieur et Origine. Le courant souterrain étant ainsi déterminé dans sa direction et défini dans ses allures, le mode d'introduction de l'eau dans la faille, de même que l'origine de la source peuvent à leur tour en être déduits rationnellement sans le secours d'observations nouvelles.

Ainsi, l'augmentation instantanée du débit de la source et le grand volume qu'elle roule sont des caractères positifs établissant que l'eau s'introduit facilement, en quantité, dans la faille, et qu'elle a pour son parcours souterrain de vastes passages qui lui assurent un écoulement libre et rapide.

Cette même sensibilité, surtout lorsqu'il neige sur la montagne, par un beau temps dans la vallée, constitue d'autre part un caractère négatif qui s'oppose à admettre que les eaux alimentaires puissent provenir des filtrations du terrain recouvrant le courant.

La nature presqu'exclusivement granitique des sables charriés renforcerait encore cette négation, en ce qui concerne du moins les filtrations des massifs calcaires du Pain de Sucre et de Bréau.

Quant à l'opinion généralement adoptée et que nous avions, du reste, émise au sujet de l'alimentation de la source par les filtrations du dépôt détritique du Plan, nous nous empressons de reconnaître qu'elle est inadmissible pour expliquer les variations subites qu'éprouve le produit de la source.

Lorsque peu de temps après notre arrivée dans le Vigan, nous émîmes cette opinion à l'occasion des éboulements qui se produisirent au Plan dans le mois de juillet 1850, nous n'avions encore fait aucune observation à la source et nous en ignorions complétement le régime ; mais en présence des faits acquis depuis, il est évident que l'idée d'une retenue à l'aval du dépôt de cailloux roulés du Plan, et la filtration des eaux de la vallée au travers du gravier, est insuffisante pour expliquer les phénomènes observés.

Les chiffres le démontrent :

L'altitude des lits des rivières de Coudouloux et de Salagose aux points où ils sont coupés par la direction que nous avons assignée à la faille est de. . . . . , ... 271^{m}30

En aval du pont d'Audon, un peu au-dessus de la chaussée du pont de Coudouloux, l'écoulement de la rivière est *permanent* à la côte de. . . . . 246^{m}520 et nous avons vu que l'étiage de la source se maintient dans la caverne à la hauteur de. . . . . 233^{m}520

Avec cette disposition relative des lieux et en faisant remarquer :

1° Que la surface du bassin de déjection ou de la masse filtrante demeure ici sensiblement invariable ;

Et 2° qu'il est acquis aujourd'hui « que le volume d'eau qui traverse une » couche sablonneuse est *proportionnel à la pression et non pas à la racine* » *carrée de cette pression* » ;

Il est évident que le plus grand écart possible dans le produit des filtrations serait toujours mesuré par la différence des hauteurs extrêmes que pourrait occuper la nappe alimentaire au-dessus de la source.

Or, nous savons d'une part, qu'à l'époque des crues, l'eau ne s'élève pas au passage de la faille à plus de 2 mètres dans les lits des rivières de Coudou-

loux et de Salagosse, lesquels sont situés à . . . . 37^{m}78
au-dessus de l'étiage de la source ;

Et d'autre part, qu'en basses eaux, le courant de ces rivières
réunies ne descend pas sous le gravier à un niveau inférieur au
couronnement de la chaussée du pont de Coudouloux ou à . . . . . 13^m
au-dessus de la même source.

Par conséquent, les produits extrêmes de cette dernière ne pourraient être
que

$$:: 13 : 40$$

Ce qui reviendrait à dire que même dans ses écarts les plus larges, la source
d'Isis devrait à peine tripler de volume.

Les résultats pour ainsi dire négatifs de cette hypothèse engagent nécessairement à rechercher ailleurs que dans l'augmentation du produit des filtrations du dépôt de gravier du Plan, le mode d'alimentation de la faille.

Les phénomènes observés suggèrent naturellement à l'esprit une explication bien simple. — Il suffira, en effet, croyons-nous, de rappeler le rôle
que jouent les avens des Causses et ce qui se passe dans la grotte d'Isis
même, pour avoir la clé des variations de débit dont nous cherchons la
cause.

On a vu que les avens absorbent instantanément, soit directement par leurs
orifices béants, soit par leurs ramifications, les eaux des Causses, et que ces
dernières chutent de toute l'épaisseur des masses calcaires fracturées sur les
couches imperméables du Trias, où elles sont recueillies dans de vastes cavernes alimentaires des sources de ce niveau d'eau. Dans des proportions

moins larges, il a été constaté dans la grotte d'Isis que deux fissures apparentes évacuent le produit de la source en basses eaux, mais qu'à mesure que le courant augmente, quatre nouvelles issues sont atteintes successivement pour concourir à l'émission du produit des grandes eaux.

Il n'y aurait donc rien que de conforme aux faits observés d'admettre à l'origine même de la faille ou en tout autre point de son étendue une disposition de fentes analogues à celles des avens ou des fissures de la caverne. Il suffirait alors que ces ouvertures fussent placées de manière à être successivement atteintes à mesure que les eaux de la rivière alimentaire s'élèveraient, pour produire le phénomène qui nous préoccupe.

Or, nous savons que tant à l'extérieur qu'à l'intérieur le calcaire primitif est tout crevassé; nous avons vu de plus que la direction de la faille principale qui l'a disloqué court dans la direction du confluent des rivières de Mars et de Salagose (1); il nous sera donc permis de conclure :

La source d'Isis est une *source de faille* ou *de caverne* dont l'origine peut être fixée au Nord du village de Bréau, dans la rivière de Salagose et au point de contact du schiste talqueux avec le calcaire primitif. En cet endroit les eaux du torrent s'introduisent directement ou par des ramifications dans

(1) Le 10 août de cette année, nous avons observé avec **MM.** Lombard et Teulon, que les eaux courantes de la rivière de Salagose cessaient de couler à la surface à 100 mètres au-dessous du pont de Bréau, et il nous a été affirmé que même les eaux moyennes disparaissaient en cet endroit pour ne plus se montrer en aval, bien que cette rivière soit coupée transversalement (au pont de la Fuste) par un dyke de quartz de 45 mètres d'épaisseur. Nous avons constaté aussi qu'en grandes et en moyennes eaux, la grotte calcaire de Bréau est parcourue par un courant qui roule un sable granitique identique à celui de la rivière de Salagose et du courant d'Isis.

la faille, avec d'autant plus d'abondance que la rivière surélevée par les crues atteint des ouvertures bien plus vastes et exerce en même temps une pression plus considérable sur les fissures inférieures.

Pendant les grandes crues, outre l'eau débitée par la source et les autres courants souterrains inconnus , la rivière de Salagose doit fournir aussi un supplément d'alimentation qui est emmagasiné dans l'étendue des cavernes de la faille.

Ce serait par suite de cet approvisionnement, qu'après la retraite des eaux, la source débite encore un volume considérable. Mais ce volume décroît ensuite peu à peu à mesure que les cavités se vident, jusqu'à ce que toutes ces eaux soient descendues au niveau des couloirs qui relient les cavernes entre elles. Alors la fontaine d'Isis n'est plus alimentée que par le produit des fentes inférieures.

D'autre part et dans un autre ordre d'idées, cette origine justifie pleinement la renommée des eaux d'Isis et le choix qui en a été fait ; car par suite de leur provenance des hautes cimes granitiques du Lengas d'où elles chutent en cascades à plus de 1000 mètres de profondeur, elles ne peuvent qu'être bien aérées, fraîches et pures, c'est-à-dire de la meilleure qualité.

Le sable granitique que la source charrie trouve encore dans l'explication de cette origine la raison de son transport souterrain.

L'origine et le parcours supérieur de la source ainsi admis, il reste à examiner ce que deviennent les eaux après leur passage dans la caverne.

A 30 mètres à l'Est de la grotte d'Isis et immédiatement au-dessous de la

Source d'Isis proprement d
et
cours inférieu

route impériale N° 99 apparaît, à 232^{m}537 au-dessus du niveau de la mer, un groupe de fentes d'où s'échappent autant de sources jaillissantes qui constituent la *Fontaine d'Isis*. — Ces sources sont recueillies dans un bassin découvert de forme à peu près circulaire de 8^{m}50 de diamètre. C'est dans ce bassin exposé à tous les actes de la malveillance que les prises d'eau pour l'alimentation du Vigan ont été posées ; la prise principale a 233^{m}306 au-dessus du niveau de la mer — et la prise secondaire a 233^{m}166 au-dessus du même plan de comparaison.

A l'extérieur et au Nord-Est de cet espace réservé, il existe une autre source pérenne importante qui sourd à la côte 233^{m}607, c'est-à-dire à 1^{m}07 au-dessus du point d'émergence des sources alimentaires de la ville.

Plus bas, tout-à-fait au fond de la vallée et au niveau moyen de 222 mètres, il surgit aussi des fentes des rochers calcaires de la rive gauche de la rivière d'Arre et dans le lit même de ce cours d'eau, une quantité d'autres sources, dont il n'est pas possible d'apprécier l'importance. — Ces sources, pérennes aussi, se montrent surtout dans l'étendue comprise entre la chaussée du mas de Lafabrègue et les Trois-Fontaines.

Toutes ces fontaines jaillissant à des niveaux divers, coulent sans discontinuité à 1/4 de degré près à la même température que le courant de la caverne. — De plus, elles sont entourées, à des niveaux supérieurs et inférieurs aux leurs d'autres fentes, d'où s'échappent, suivant l'importance des crues de la caverne, de nouveaux et abondants filets d'eau.

Ces apparitions momentanées de nouvelles sources s'observent dans le bassin des prises de la ville et dans le lavoir extérieur, ainsi qu'en plusieurs points de la rive gauche de l'Arre, compris dans les limites fixées plus haut.

Ces nouvelles eaux sont encore de même nature entre elles et avec les sources pérennes précitées, tandis qu'elles diffèrent essentiellement des autres sources qui naissent en dehors de leur rayon.

Prises dans leur ensemble, toutes les sources extérieures bouillonnent avec plus ou moins d'abondance suivant l'importance des crues de la faille.

Mais un fait digne de remarque, c'est que durant les plus grandes crues d'Isis, il n'apparaît point à l'extérieur d'autres eaux que celles dont nous nous occupons. — En dehors de leurs limites, les autres fontaines de la vallée remarquées par nous ne sont nullement affectées par les variations du courant de la faille.

Pour ne prendre qu'un exemple, nous citerons la source du mas de Caïrol, qui sourd du point de contact du calcaire primitif avec les schistes talqueux, non loin de la chaussée du mas de Lafabrègue et à un niveau bien inférieur à celui des prises de la ville. Eh bien ! le 10 mars dernier (1861), l'eau s'élevait dans la caverne à 1^{m}42 au-dessus de l'étiage ; toutes les sources extérieures ci-dessus mentionnées jaillissaient avec violence, tandis que le bouillonnement de la source de Cairol demeurait stationnaire et était aussi faible qu'au moment des basses eaux.

Ces faits caractéristiques, rapprochés de ceux qui se produisent dans la grotte d'Isis, permettent à leur tour de tirer de nouvelles déductions significatives :

1° Puisque toutes ces sources extérieures sont de même nature entre elles et avec le courant de la caverne dont elles partagent les fluctuations de température et de niveau, elles n'ont évidemment qu'une même origine et proviennent par conséquent de la faille d'amenée.

2° Les fissures ou conduites souterraines de ces courants sont en général indépendantes les unes des autres, puisque pendant que certaines d'entre elles tarissent ou diminuent de produit, les autres continuent, non loin de là, de fonctionner à des hauteurs même supérieures aux sources discontinues.

3° Ces fluctuations dans leur écoulement, malgré leur position bien au-dessous du courant de la caverne, font présumer que chacune de ces subdivisions du cours d'eau souterrain d'Isis est alimentée, comme la source-mère, par des orifices situés à des niveaux différents.

4° L'importance du débit de ces sources à l'époque des crues (abstraction faite des charges variables qu'elles supportent), indique aussi que leurs canaux alimentaires sont assez spacieux.

5° L'origine de ces nombreuses sources, pérennes ou intermittentes, ne peut être ni au fond de la faille avant l'arrivée de l'eau dans la caverne, ni dans cette dernière, à un niveau inférieur à celui de l'étiage.

S'il en était autrement, dans le premier cas, et en basses eaux, les eaux s'engouffreraient nécessairement en route par les larges prises de ces sources et il n'en arriverait point jusque dans la caverne ; dans le second cas, si ces mêmes prises étaient inférieures au niveau de l'étiage, l'eau ne se maintiendrait certainement pas dans la caverne à la hauteur constante de 1^{m}40 au-dessus de son fond.

On doit en conséquence admettre :

1° Que la division des eaux de la faille alimentaire de toutes les sources extérieures se fait à leur sortie de la caverne par les fissures indiquées plus haut, ou par des fentes analogues de cavités voisines placées au même niveau et dans les mêmes conditions que celles observées.

2° Que cette division est due à l'étoilement de la faille, que nous avons signalé à l'extérieur entre l'extrémité de la caverne et le bassin actuel de prise d'eau.

Ainsi s'explique pour nous la manière d'être de ce singulier cours d'eau souterrain, tant à son origine que dans son parcours, et à son émergence dans la vallée du Vigan.

Ainsi s'explique aussi l'impossibilité de tout jaugeage, de toute captation de la source et à *fortiori* de toute surélévation des prises actuelles qui seraient tentés dans le bassin extérieur.

Ainsi s'explique, en conséquence, la nécessité de capter la source dans la caverne même au-dessus de l'étoilement de la faille, si l'on veut réellement utiliser au grand profit de tous le plus d'eau possible et donner en même temps une légitime satisfaction au tiers de la population du Vigan, dans les quartiers élevés que le niveau actuel de l'eau ne peut pas atteindre.

IIme Section.

—

NOTICE HISTORIQUE SUR LES FONTAINES DE LA VILLE DU VIGAN.

Les nombreuses lacunes que présentent les archives de la Mairie du Vigan ne permettent pas de faire un historique complet et suivi des fontaines de cette ville. Cependant les quelques documents que nous avons pu recueillir à ce sujet jettent un jour si éclatant sur l'importance de la question pendante, ils corroborent d'ailleurs si bien nos déductions précédentes en ce qui concerne la nécessité d'établir la prise d'eau dans la caverne, que nous ne pouvons nous dispenser de les résumer ici.

Le premier acte connu qui fasse mention de la fontaine d'Isis remonte au xime siècle ; c'est une donation de 1069 par laquelle Pierre Combret, seigneur de la commune d'Avèze, « donna par un mouvement de piété toute la fontaine » qu'on nommait *Isa* à Pons Gui, prieur du monastère de St-Pierre du Vigan. » Pour rendre son bienfait encore plus signalé, ledit Pierre Combret « du » consentement de ses hommes et vassaux » , ajouta à ladite donation « autant » de son fonds contigu à ladite fontaine qui serait nécessaire pour la construc-

» tion d'un aqueduc destiné à retenir et à conserver l'eau dans l'étendue de son
». trajet vers le Vigan. »

Mais avant cette inféodation la fontaine d'Isis servait incontestablement aux
usages des habitants, car on lit en outre dans la pièce précitée que « les rives
» de l'aqueduc sont concédées afin que ladite fontaine ait son cours libre et
» qu'elle parvient sans aucune diminution jusqu'au Vigan *par le Canal
» accoutumé »*, ajoutant ensuite « qu'une tradition fort ancienne a appris que
» cette même fontaine avait été donnée par les prédécesseurs de Pierre
» Combret à Don Carulle, prieur et fondateur dudit Monastère. »

En 1071, les seigneurs justiciers de la ville du Vigan et propriétaires des
terres que traversait le canal, animés des mêmes sentiments que Pierre Combret
donnèrent à leur tour à Pons Gui « tous les terrains et les rives nécessaires à
» la conduite d'eau jusqu'au Vigan. »

Cette double donation ne parut provoquer aucun changement dans l'état
primitif de la prise et de la conduite de la fontaine et l'eau dut continuer comme
par le passé, à arriver à la ville par l'ancien canal, lequel n'était autre que le
canal actuel d'eau sale, continué plus tard jusqu'au jardin de M. d'Alzon.

Dans l'intervalle de 1071 à 1693, aucun fait saillant ne signale le moindre
trouble dans la jouissance des eaux de la source *d'Isa* ou *d'Ise*. Tous les actes
connus consentis durant cette période de temps, confirment les moines du
monastère et les habitants du Vigan dans leurs possessions : — Les moines, jusqu'en 1470, par leurs actes de concession (moyennant une redevance annuelle)
« de certaines quantités d'eau du canal de la fontaine pour l'arrosage des prés
» et jardins » ; les habitants par la reconnaissance que leur fit, en 1434,

Béranger de Caladon (représentant Pierre Combret), « du droit qu'ils avaient
» de faire refaire et réparer l'œil de la fontaine ainsi que la petite voûte qui la
» recouvrait et que les habitants avaient construite pour empêcher que l'eau ne
» se gastat par les immodices qu'elle pourrait recevoir. » Et, plus tard, en
1470, par la donation qu'en fit le prieur du monastère St-Pierre à la ville
du Vigan, qui en a toujours joui depuis ce temps.

Mais vers l'an 1693, à la suite de quelques travaux de curage de la fontaine et de réparations de sa petite voûte, le sieur noble Lagarde de la Farelle,
acquéreur de Bérenger de Caladon, entreprit des fouilles en amont de la prise
(dans la caverne), dans le but de détourner dans son fonds une source qu'il
disait avoir découverte.

Des experts ayant reconnu que la prétendue nouvelle source n'était autre
que le courant supérieur de la fontaine *d'Ise*, le sénéchal de Nimes rendit
le 1er juin 1695 une ordonnance « qui maintint la communauté du Vigan
» en la possession et jouissance de la fontaine *d'Isis* donnée par Pierre
» Combret avec le terrain nécessaire pour la construction des ouvrages
» destinés à conduire l'eau à la ville du Vigan et ses faubourgs, avec in-
» hibition et défense au sieur de Lagarde de donner aucun trouble ni empêche-
» ment auxdits maires et consuls de la communauté en la possession et jouis-
» sance de ladite fontaine, à peine de mille livres d'amende. »

En même temps que le sieur de Lagarde ne tenant nul compte de la sentence
précitée, reprenait ses travaux de recherches « dans la cave en faisant pétarder
» de gros rochers et construire la voûte qui recouvre » encore aujourd'hui « le
» courant », la commune du Vigan entreprenait de son côté de grands travaux

de prise et de distribution de la source d'Isis, en exécutant un devis dressé le 27 août 1696 par Arman, architecte de Montpellier.

Ces travaux adjugés au sieur Finiels, par Lamoignon de Baville, intendant de la province du Languedoc, moyennant la somme de 12,500 livres, consistèrent en la constrution :

1° D'un réservoir voûté de prise d'eau de 15 pieds dans œuvre.

2° De l'aqueduc d'amenée actuel et d'un autre réservoir des mêmes dimensions que le précédent qui fut établi dans la ville du Vigan sur la place du Palais, occupée aujourd'hui en partie par l'Église.

3° De cinq nouvelles fontaines et de la réparation de la fontaine alors existante de la place de l'Hôtel-de-Ville (place du Marché).

4° D'un quai formant terrasse au-dessus du sol des deux côtés duquel on ouvrit deux canaux à ciel ouvert.

5° Enfin, de la réparation et de la continuation jusqu'au jardin du seigneur Daudé d'Alzon, de l'ancien canal d'amenée qu'on voûta à partir de la croix de St-Euzéby dans la traverse du Vigan jusqu'à l'origine du quai, où les eaux furent jetées dans le canal ouvert au levant de cette place.

Au réservoir de la source, on avait pratiqué trois ouvertures, dont deux reçurent le trop plein, désormais destiné à l'irrigation des prairies et jardins, tant du côté du Vigan, au moyen de l'ancien canal restauré, que vers le domaine de Lafous par un autre canal construit aux frais des usagers. La troisième prise qui est la prise principale actuelle, dériva l'eau pour l'alimentation du nouvel aqueduc et des fontaines. — Cette prise projetée à un pied et demi

(0^m487) de largeur sur deux pieds (0^m650) de hauteur, n'eut en réalité que les dimensions que nous lui connaissons, c'est-à-dire 0^m405 de largeur sur 0^m40 de hauteur.

L'aqueduc construit latéralement au canal primitif, et coupé à des intervalles inégaux par des regards de un mètre de côté, eut la largeur constante de 0^m65, sur 0^m85 à 0^m97 de hauteur sous la voûte ; mais ses pentes furent et sont encore très mal réglées, car il en est qui vont jusqu'à incliner en sens inverse de l'écoulement.

Les cinq nouvelles fontaines construites furent celles que l'on voit aujourd'hui sur la petite place de la Sous-Préfecture, à l'origine de la rue des Casernes, aux deux extrémités du Quai, et enfin celle de la Condamine, en face de la maison d'Alzoñ.

A cette époque comme aujourd'hui, chacune des nouvelles fontaines était alimentée par une conduite indépendante qui partait du réservoir, sauf cependant la fontaine de la Sous-Préfecture qui a toujours eu son origine en face de la maison de M. Valès, dans la rue des Barris (1).

Pendant l'exécution de ces travaux, de nouvelles difficultés s'étaient élevées entre la communauté et le sieur de Lagarde, à l'occasion des travaux faits dans la caverne par ce dernier, d'une part, et de ceux de prise de la source par la communauté, d'autre part.

(1) Avant l'exécution des travaux, il y avait en ville une autre fontaine dont il n'est pas parlé dans le devis de 1696, et qui dut être supprimée, car il n'est nulle part fait mention de sa conduite alimentaire.

Une transaction du 26 octobre 1707 vint heureusement mettre fin à ce nouveau conflit. Par cette transaction, la sentence du Sénéchal de Nimes du 1er juin 1695 fut confirmée et il fut stipulé en outre :

1° En ce qui concerne la cave « qu'il sera permis à la communauté de » démolir, quand bon lui semblera, la voûte que le sieur de Lagarde a faite » sur le canal de la fontaine, et de faire construire une muraille pour la fer- » meture de ladite cave..... avec interdiction audit sieur de Lagarde, et à ses » successeurs et acquéreurs de rouvrir ladite cave, ni tenter d'y arriver direc- » tement, ni indirectement, ni d'entreprendre de bâtir contre et devant ladite » muraille de fermeture, ni de creuser le rocher à droite ni à gauche de ladite » cave pour aboutir dans icelle ; qu'au contraire, il sera loisible à ladite com- » munauté d'arriver dans ladite cave, quand la nécessité l'exigera pour faire » les œuvres qu'elle trouvera nécessaire au canal de ladite fontaine qui est » enfermée dans ladite cave, sans préjudicier néanmoins en tout le reste au » droit de propriété que ledit sieur de Lagarde a sur ledit rocher et terres » joignant ce dernier........ »

2° En ce qui concerne la branche extérieure du réservoir :

« Le sieur Lagarde a reconnu que la petite branche de la fontaine qui sort » hors du réservoir dans une fente de rocher du côté d'Avèze, fait partie de » la grande source et qu'elle appartient à la communauté.

» Et enfin, que la communauté paierait à titre d'indemnité au sieur de » Lagarde la somme de deux cents livres, tant pour la privation de la cave et » le droit de passage dans sa propriété y aboutissant, que pour la surface du

» terrain nécessaire à l'agrandissement du nouveau réservoir, dans lequel on
» enfermerait la petite branche de fontaine dont il vient d'être parlé et les
» autres eaux qui se perdent du réservoir déjà fait. »

Ces difficultés tranchées et l'alimentation des fontaines assurée, du moins
en apparence, par la prise de l'aqueduc placée bien inférieurement au
niveau des déversoirs de trop plein, il devait sembler que la communauté
du Vigan n'avait plus qu'à recueillir les fruits de ses sacrifices, à jouir lar-
gement des heureux résultats que lui promettait sa canalisation.

Il n'en fut rien cependant, car c'est de ce moment, au contraire, que
datent ses tribulations.

« Déjà en 1704, le réservoir de la prise d'Isis était-il à peine terminé et
» reconnu bien fait, qu'une somme de deux cents livres devenait nécessaire
» pour boucher les pertes qui se manifestaient à l'extérieur. »

Nous avons vu qu'un peu avant la transaction de 1707 avec le sieur de
Lagarde, ce dernier avait tenté de s'emparer d'une petite branche de la fontaine
qui sourdissait hors du bassin, et que par ladite transaction, la ville l'indem-
nisait pour une surface de terrain reconnue nécessaire à l'agrandissement du
réservoir, afin d'y enfermer ladite branche ainsi que les autres eaux « qui se
» perdaient du réservoir déjà fait et réparé ; ce qui fut exécuté. »

En 1715 et 1717 de nouvelles sommes durent être appliquées à la réparation du bassin. On essaya de boucher des pertes qui s'étaient produites à
l'origine de l'aqueduc. Le réservoir de la ville qui était en mauvais état fut
changé à l'angle du jardin de M. d'Argentières (de Ginestous) ; mais ce fut

en vain, les pertes reparurent ou se manifestèrent ailleurs, et en 1718,
« les puits tarirent et tout ce qui avait été fait jusqu'alors pour la réparation
» des fontaines ayant été inutile, les habitants manquèrent totalement d'eau. »

L'année 1719 vit apparaître un règlement de police et *un département*
d'eau qui réglait les droits de chacun à l'usage des eaux de la fontaine ; mais
cette année-là ne fut pas moins calamiteuse pour la malheureuse ville du
Vigan, que la peste commençait à décimer; ce fut inutilement qu'on affecta
une somme de 4,500 livres en nouvelles réparations des ouvrages de la fontaine
et de 2,424 livres pour paver le canal des prés, l'eau manqua encore comme
elle avait manqué l'année précédente.

La même situation critique se reproduit en 1731. « De nouvelles réparations
» sont tentées ; toutes les prises particulières rigoureusement fermées ; des
» gardes veillent de nuit et de jour à la conservation des ouvrages ; on essaie
» d'introduire l'eau dans l'aqueduc au moyen de batardeaux qu'on avait placés
» à l'extérieur du bassin ; une prime (la moitié des amendes) est assurée aux
» dénonciateurs des voleurs d'eau, que le règlement, déjà caduc de 1719,
» n'intimidait plus ; » tous ces efforts sont à peu près stériles.

Aussi l'administration reconnaissant sans doute son impuissance à triompher
de ces nombreuses difficultés, toujours renaissantes — semble-t-elle aban-
donner l'alimentation des habitants « aux caprices des phénomènes naturels »
et au bon vouloir des usagers pendant une période de 48 ans. — Durant
cette époque et bien que « les propriétaires des prés et jardins reconnaissent
» que la fontaine d'Isis est insuffisante pendant un mois et dans quelques
» années de sécheresse », ils n'en continuent pas moins, au mépris du règle-

ment de 1719, à pratiquer des prises clandestines dans toute l'étendue du
canal. [illegible]

[illegible]

Les réclamations contre cet état de choses demeurent sans effets; l'administration se borne à répondre aux plaignants « qu'ayant fait tout son possible
» pour empêcher les pertes des ouvrages de la fontaine, on ne peut que pré-
» sumer que ces fuites sont des sources indépendantes de la source principale
» (1779). » [illegible]

[illegible]

Cependant, en 1780, la ville manquant encore cette fois totalement d'eau,
la rumeur publique met la municipalité en demeure d'aviser à de nouveaux
moyens d'alimentation. — Une commission est nommée à cet effet ; on attend
d'elle une solution radicale, car son mandat s'étend « jusqu'à étudier la
» possibilité d'élever la source de manière à porter l'eau sur la promenade des
» châtaigniers. »

Mais encore cette fois toutes les espérances sont déçues par les conclusions
de ces députés. « Ces derniers déclarent, en effet, le 17 juin de la même
» année, qu'ayant examiné la possibilité, l'utilité et les inconvénients de faire
» un aqueduc au moyen duquel l'eau serait élevée vers la promenade des
» Châtaigniers, ils ont trouvé qu'outre plusieurs inconvénients » (on ne dit pas
lesquels), « l'excessive dépense, attendu le peu du taillable de la communauté,
» ne permettait pas d'entreprendre cet ouvrage. Ils ajoutent ensuite qu'il y a
» beaucoup de pertes dans l'aqueduc qui s'infiltrent souterrainement, et qui
» ne sont utilisées par personne, et enfin, qu'on ne peut pas toucher aux
» fentes qui sont autour du bassin de crainte de les agrandir. »

Danger de toucher à la source. — Dépense trop considérable, attendu le peu du taillable de la communauté ;

Tels furent les deux arguments inconnus jusqu'alors, qui sauvèrent la situation difficile des dispensateurs du bien public, en 1780.

Tel a été depuis le double écueil contre lequel sont venus se briser toutes les propositions sérieuses qui ont été soumises, de 1836 à 1859, au sujet d'une nouvelle exécution de prise et de distribution de la source d'Isis.

En présence des conclusions de la députation de 1780, on ouvrit à côté du grand déversoir de la prise des près du Vigan et à 0^m14 plus bas que le niveau de la prise principale, une seconde prise dite *trou voleur*, de 0^m275 de largeur sur 0^m29 de hauteur, et on revint pour ne plus s'en départir par la suite aux mesures mises en vigueur en 1719 et 1731. Aussi les résultats obtenus furent-ils et ont-ils toujours été négatifs, même lorsqu'en 1809 on reconstruisit l'aqueduc d'amenée.

C'est donc encore en pure perte que des sommes de plus en plus considérables ont été affectées pendant les années de sécheresse, 1780, 1789, 1792, 1805, 1809, 1816, 1822, 1826, 1836, 1837, 1839, 1842, etc., jusqu'en 1862, à réparer un état de choses irrémédiable pour les causes et motifs que nous avons fait connaître (1).

(1) En 1792, les prises des particuliers furent réglées aux orifices uniformes des trois calibres qui sont encore en usage.

Rationnellement, la canalisation actuelle devrait donc être dans le pire des états. — N'ayant point eu de terme rigoureux de comparaison avec ce qui se passait autrefois, nous ignorons s'il en est réellement ainsi.

Mais nous pouvons dire en parfaite connaissance des lieux:

Que chaque année, depuis que nous observons la source (1859), les déversoirs des prises des prés cessent de couler pendant un mois et demi au moins, et que durant cette période il est indispensable d'ouvrir la prise du *trou voleur* pour assurer l'alimentation dé l'aqueduc;

Que les pertes du bassin et de l'aqueduc à son origine sont considérables, et au moins égales « en temps d'étiage » à l'eau dérivée pour la ville ;

Que les robinets publics et les prises des concessionnaires ne reçoivent pas ensemble la dixième partie de l'eau contenne dans l'aqueduc au 4e regard, ce qui réduit l'attribution de la ville au vingtième du produit de la source ;

Que par suite des nombreuses fuites de la canalisation dans toute son étendue, un grand volume d'eau se répand souterrainement dans les divers quartiers de la ville et en transforme le sous-sol en un vrai lac, dont les moindres conséquences sont d'entretenir l'atmosphère dans un état permanent d'humidité insalubre;

Enfin (sans parler des cadavres d'animaux, des linges ayant servi au pansement des plaies, etc. etc., qu'on y rencontre parfois), que les odeurs ammoniacales fortement caractéristiques exhalées par l'eau des fontaines, surtout après qu'un orage a éclaté sur la ville, décèlent suffisamment l'origine des causes d'infection des eaux si réputées de la source d'Isis , après le court trajet de 1 kilomètre, c'est-à-dire, pour nous exprimer clairement, qu'à des époques données et par suite du mauvais état de la canalisation , les égoûts de la rue des Barris déversent leur trop plein dans l'aqueduc dit d'eau propre!

Pour terminer cette Notice , reconnaissons cependant qu'à divers intervalles depuis 1696 , quelques sages mesures ont été prises pour l'établissement de nouvelles fontaines dans les quartiers bas , qui en étaient primitivement dépourvus. C'est ainsi que successivement les bornes ci-après désignées ont été posées , et ont porté à 10 le nombre des fontaines existantes.

Borne de l'Église en 1719.
Robinets de l'Hospice en 1721.
Borne de la rue du Pont en 1724.
— des Calquières en 1825.
— sur le Pont en 1839.

Malheureusement l'insuffisance de niveau de l'aqueduc , l'impossibilité d'élever les prises du bassin extérieur, n'ont pas permis d'en établir dans les quartiers élevés , d'où il résulte qu'un tiers de la population ne se procure qu'au prix de longs parcours l'eau nécessaire à ses usages.

Examinons successivement les projets dont l'exécution aura pour conséquence de faire disparaître tous les inconvénients de la canalisation actuelle.

3me Section.

—

PRISE D'EAU DANS LA CAVERNE D'ISIS.

S'il s'agissait seulement de capter et de jauger à différentes hauteurs une source inutile et même ne servant qu'à l'agriculture, on pourrait à la rigueur tenter d'emblée une surélévation artificielle des eaux, car au fond, après avoir suspendu son service, ou même, admettons-le, après l'avoir perdue, il suffirait d'une indemnité pour dédommager les intérêts lésés.

Mais dans le cas présent, la source d'Isis qui fait l'objet de nos investigations est autrement précieuse; elle alimente une population agglomérée de 4,000 âmes, dont le développement et même l'existence dépendent de sa conservation, si ce n'est de son amélioration. Ce serait donc assumer la plus grande des responsabilités que d'y toucher témérairement, puisque sa perte ne pourrait être réparée.

L'indication de ce danger plus ou moins réel doit faire comprendre que dans tous les cas et quelle que soit la confiance que l'on peut avoir dans les moyens à employer, les ouvrages doivent être combinés de telle sorte et entourés de tant de précautions que la conservation du précieux courant ne puisse jamais être compromise.

La question qui nous est posée comporte encore une autre condition non moins indispensable à observer. C'est l'alimentation du Vigan pendant la durée des travaux et des expériences. — Enfin, il est essentiel aussi de ne pas entraîner la ville dans de trop grandes dépenses pour des travaux qui, aux yeux de quelques-uns, sont inutiles et dont les résultats pour bien d'autres sont problématiques.

Pour essayer de résoudre ce nouveau et délicat problème — pour remplir en même temps les conditions difficiles que les circonstances imposent, nous nous sommes attaché à ne prévoir que des travaux indispensables, et dont l'utilité nous a été démontrée, quels que puissent être, du reste, les résultats des expériences ultérieures.

Ces travaux comprennent :

1° L'ouverture d'une tranchée profonde qui partira de la vanne de M. Gout, sur le chemin de la Prairie, coupera obliquement la faille dans toute son étendue, traversera l'espace bouleversé par l'étoilement et ira s'arrêter dans la caverne devant la source-mère à laquelle il ne sera point touché.

2° En ce point un massif, dont l'origine sera placée à l'extrémité même de la tranchée, coupera transversalement la caverne et isolant complétement les sources de la région où se manifestent les fuites, toutes les eaux s'introduiront naturellement dans trois aqueducs ou canaux superposés à établir successivement dans la hauteur de la tranchée.

L'aqueduc inférieur servira de décharge à la source et aux sables qu'elle charrie ; il débouchera dans le canal d'irrigation du chemin de la Prairie.

L'aqueduc moyen recueillera les eaux destinées à l'alimentation da la ville préalablement débarrassées des matières sableuses ; il sera alimenté par la caverne transformée en bassin et débouchera à l'extérieur dans un puits où seront placées les prises définitives de la conduite ou de l'aqueduc d'amenée.

Enfin, par l'aqueduc supérieur, s'écouleront les eaux superflues qui iront chuter à l'extérieur dans un bassin d'où partiront les prises alimentaires des canaux d'irrigation.

Les hauteurs relatives de ces ouvrages ne seront arrêtées qu'après que les expériences auront fixé le niveau convenable auquel la source peut être maintenue.

Pour le moment, on se bornera à construire l'aqueduc inférieur et le bassin de prise d'eau dans la caverne, et, afin de ne rien changer au régime actuel de la source, on fixera l'extrados de l'aqueduc et le sol du bassin au niveau même de l'étiage. De plus, on ne touchera absolument rien aux dispositions des prises d'eau existantes dans le bassin extérieur, lesquelles continueront à fonctionner, comme par le passé, jusqu'à ce qu'on exécute les travaux défi-nitifs.

Examinons maintenant ces ouvrages dans leurs disposition et exécution , ainsi que sous le rapport des fonctions qu'ils sont destinées à remplir.

1° TRANCHÉE. — La tranchée à ouvrir entre le chemin de la Prairie et la source-mère du courant de la caverne sera descendue jusqu'à la côte 231^{m}77 ou à 1^{m}75 au-dessous de l'étiage. Sa pente sera réglée à 0^{m}001 par mètre et sa largeur à 2 mètres ; elle aura 120 mètres de longueur sur une profondeur qui variera de 1 mètre à 6^{m}50 et même 7 mètres.

La direction de la première partie des travaux coura N. 105° O. Elle passera par l'ouverture de la voûte qui recouvre les sources du bassin extérieur, et coupera ainsi obliquement dans son trajet les couches plus ou moins disloquées comprises dans l'étoilement de la faille.

A la rencontre de cet alignement avec les couches nettement stratifiées, elle inclinera à droite pour se diriger vers la caverne en suivant la direction de son couloir d'entrée, dont elle occupera toute la largeur. Ces travaux seront faits en deux reprises :

D'abord jusqu'au niveau de l'étiage, ensuite jusqu'à la profondeur voulue.

2° CAVERNE. — Pendant l'exécution de la première partie de ces travaux, la voûte artificielle qui recouvre le courant de la caverne sera démolie avec toutes les précautions voulues pour ne pas troubler l'eau. On déblaiera ensuite le rocher sur toute la surface de la caverne pour ne s'arrêter qu'au niveau de l'étiage.

Arrivés à cette profondeur, le courant sera dragué et on séparera provisoirement la région probable d'où naissent les sources de celle par où elles s'échappent souterrainement, après avoir parcouru la caverne.

Cette séparation se fera au moyen d'un bâtardeau en argile de 1 mètre d'épaisseur qu'on coulera dans un ou plusieurs cadres formés de planches jointives.

Les profils de ces cadres dessineront les surfaces rocheuses contre lesquels ils s'appuieront ou reposeront de manière à laisser échapper le moins d'eau possible.

Leur couronnement sera arrêté au niveau de l'étiage.

Ces précautions prises, on placera une conduite provisoire, dans la tranchée pour mettre la retenue des sources en communication avec la prise de la ville. Si, comme il est permis de l'espérer, les fuites du barrage ne sont pas trop considérables (et il y aura toujours, quoi qu'il advienne, moyen d'y remédier), l'alimentation de la ville se trouvera ainsi assurée pendant que les travaux de déblais seront repris et continués jusqu'à leur complet achèvement.

Les précautions nécessaires seront prises pour que dans l'exécution de ces déblais les fonctions de la conduite provisoire ne soient pas suspendues.

Quant aux eaux superflues de la source, on les fera chuter à volonté dans l'espace des fuites ou au fond des travaux de la tranchée.

Maçonneries, Aqueducs. — Lorsque les déblais seront terminés, on jettera dans le fond de la tranchée l'aqueduc inférieur ou de décharge de la source ; cet aqueduc sera disposé comme suit :

Le radier aura $0^{m}30$ d'épaisseur et sera formé d'une seule couche de béton, sauf sur 6 mètres de longueur, dans la caverne, où cette épaisseur réduite à 0^m20 sera recouverte de dalles de 0^m10 d'épaisseur.

Les pieds droits de sa voûte en plein cintre de 1^m20 d'ouverture auront 0^m40 d'épaisseur ; la hauteur sous la clé sera de 0^m75 entre le chemin de la Prairie et le puits de prise d'eau de la ville. A partir de ce point, cette hauteur sera portée à 1^m05 jusqu'à l'entrée de la caverne où elle sera de nouveau réduite à 0^m75 sur 2^m20 de longueur, pour reprendre enfin la hauteur de 1^m05 jusqu'à 5^m80 avant d'arriver à la source où s'arrêtera définitivement l'aqueduc.

En ce point, il sera ménagé un regard de 1^m40 de longueur sur 1^m20 de largeur, dans lequel on pénétrera au moyen d'un puits circulaire de 1^m00 de diamètre à établir latéralement à l'aqueduc ; ce puits aura 0^m80 d'ouverture au niveau du sol.

Le regard sera séparé de la source par un massif construit sur le prolongement du mur destiné à isoler les sources de la région des fuites. La hauteur de ce massif sera réglée dans l'exécution des travaux définitifs.

La communication entre la source et l'aqueduc inférieur se fera au moyen d'une conduite de 0^m325 de diamètre qui débouchera dans le regard. Une vanne étanche en réglera les fonctions. Ce même regard servira de décharge au bassin de la caverne et au regard d'épuration.

Dans toutes ses parties, la voûte de l'aqueduc inférieur aura 0^m30 d'épaisseur, y compris sa chape. Elle sera extradossée horizontalement, et une dalle de 0^m10 qui la recouvrira fixera le radier de l'aqueduc de prise d'eau au niveau de l'étiage dans la caverne; sa pente sera, comme celle du radier inférieur, de 0^m001 par mètre.

La tête d'aval de l'aqueduc inférieur sera en moellons piqués. Une grille en fer en fermera l'entrée.

Au-dessus du radier et dans la partie comprise entre la prise de la ville et l'entrée de la caverne, les parois de la tranchée recevront un revêtement de 0^m40 d'épaisseur, dont la hauteur sera provisoirement fixée à 1^m50. Le restant de tranchée demeurera sans revêtement et à ciel-ouvert jusqu'à l'exécution définitive des travaux, sauf cependant sa traversée sous la route impériale qu'on devra forcément voûter.

C'est sous la voûte même où se trouve aujourd'hui la prise de la ville que l'on établira les bases du puits des prises définitives.

Mais son enceinte ne sera pas élevée au-dessus des déversoirs des prises alimentaires actuelles des canaux d'irrigation. Le fond du puits sera déterminé par une chute de 0^m40, que fera le radier de l'aqueduc de prise d'eau 2 mètres avant son arrivée en ce point.

Filtrations. Un déversoir provisoire en mince paroi sera placé dans cet espace pour jauger, aux différentes époques de l'année, le produit de la source et des filtrations dont nous allons parler.

Dans la pose des revêtements de la tranchée, toutes les filtrations qui y déboucheront, n'importe à quelle hauteur, seront munies de bourneaux en poterie afin de faciliter leur écoulement.

Les orifices de sortie seront au contraire soigneusement bouchés afin de recueillir l'entier produit des filtrations dans la nouvelle galerie.

Si, plus tard, il est reconnu nécessaire de les conserver, les bourneaux en poterie seront remplacés par des tubes en fonte armés de clapets ou soupapes automobiles disposés de manière à ne pas laisser échapper au dehors l'eau contenue dans les aqueducs.

En attendant, des tampons en bois régleront leur écoulement.

Vu la profondeur à laquelle les déblais de la tranchée auront été descendus, il sera facile de mettre la caverne à sec, en jetant toutes les eaux dans l'aqueduc inférieur. On pourra donc alors déterminer sûrement l'emplacement et la direction les plus convenables pour séparer les sources de la région des fuites, au moyen d'un mur de 1^{m}40 d'épaisseur, dont le couronnement s'arrêtera à 0^{m}10 au-dessous de l'étiage.

Dans les points profonds de la caverne que les déblais n'auront pas atteints, on jettera ensuite de 1^{m}20 en 1^{m}20 des massifs destinés à supporter des voûtes de 1^{m}20 d'ouverture ; l'extrados de ces voûtes sera horizontal. Il s'arrêtera à la hauteur du massif séparatif, c'est-à-dire à 0^{m}10 au-dessous de l'étiage. On atteindra ensuite ce dernier niveau par la pose de dalles de 0^{m}10 d'épaisseur destinées à former le sol du bassin de prise d'eau.

Ce bassin se composera d'une partie rectangulaire de 4 mètres de longueur et autant de largeur. Du côté de la source, son ouverture sera entièrement libre ; l'eau y pénétrera au niveau même des basses eaux. A l'aval, il sera terminé par une surface demi-cylindrique de 2 mètres de rayon, qui reliera entre eux les côtés latéraux. — L'eau sortira de ce bassin par une ouverture de 0^m80 à 1^m20 de largeur ménagée au sommet de la courbe et chutera dans le regard d'épuration, d'où elle se rendra enfin dans l'aqueduc de prise d'eau, maintenu provisoirement à l'état de canal.

Une vanne métallique, dont les dimensions seront déterminées après des jaugeages préalables, réglera l'introduction de l'eau du bassin dans le regard d'épuration, en même temps qu'elle servira de vanne de jauge de la source pendant la durée des expériences.

Le regard d'épuration aura 4^m60 de longueur sur 1^m40 de largeur ; son sol sera 0^m40 plus bas que l'étiage.

Des expériences fixeront sur le meilleur système de filtre à adopter. Nous pensons toutefois que, comme il ne s'agit ici que de débarrasser l'eau des sables qu'elle charrie, un simple filtre vertical formé d'une certaine épaisseur d'éponges, convenablement comprimées entre un double treillis métallique, donnera des résultats satisfaisants.

La décharge de ce regard se fera, comme nous l'avons déjà dit, dans le regard de l'aqueduc inférieur au moyen d'une conduite qui traversera le massif de maçonnerie destiné à les séparer.

On pénétrera dans le filtre par une ouverture de 0^m80 de diamètre à ménager tout-à-fait en face de l'arrivée de l'eau par le sommet de la courbure du bassin. Pour s'assurer des bons effets des travaux qui viennent d'être indiqués, un autre regard de 1 mètre, dont l'ouverture supérieure sera réduite à 0,80, permettra de descendre dans l'espace resté libre de la région des fuites actuelles, ainsi que sous les voûtes qui supporteront le bassin. L'emplacement de ce regard sera choisi en face de l'ouverture du regard de l'aqueduc inférieur.

Enfin, une conduite de prise d'eau au niveau de l'étiage et indépendante du bassin est indiquée sur les dessins comme devant déboucher dans l'aqueduc d'épuration.

Cette conduite serait destinée à assurer le service de la ville pendant les réparations du bassin, et au cas où ce dernier serait transformé en réservoir par suite de l'élévation du barrage ; mais l'utilité de cette conduite n'est pas si absolue qu'on ne puisse la supprimer à la rigueur. C'est, du reste, ce qu'on aura à apprécier en cours d'exécution.

Toutes les maçonneries à exécuter dans la caverne, ainsi que le revêtement supérieur de la tranchée et le puits de prise d'eau recevront un bon enduit hydraulique de 0^{m}03 d'épaisseur.

Ainsi se termineront sans toucher en aucune manière aux sources de la caverne, sans apporter la moindre perturbation dans leur régime et sans le secours d'aucun ouvrage inutile, les travaux de prise d'eau de la source d'Isis dans les conditions que nous les ont suggérés les conclusions déduites de nos observations géologiques.

Conformément aux indications du devis ci-annexé, l'ensemble de ces travaux montera à la somme de 9,000 fr. (non compris la vanne de prise d'eau qui figure dans la somme à valoir de l'ensemble des travaux).

Nous ne pensons pas que cette somme soit depassée ; — mais nous devons faire remarquer cependant que certains ouvrages ayant été adoptés en vue

Estimation de la Dépense et exécution des Travaux.

d'éventualités qui peuvent ne pas se produire, leur forme, emplacement et dimensions sont sujets à éprouver des changements qu'on ne saurait indiquer d'avance.

Mais quoi qu'il advienne en cours d'exécution, nous croyons devoir donner ici l'assurance :

1° Que, bien que les déblais doivent être ouverts dans le rocher, l'emploi de la poudre sera rigoureusement suspendu à la distance minimum de 8 mètres de la source. Le restant des déblais intérieurs devra s'exploiter entièrement au pic ; nous croyons même que le rocher cèdera facilement ;

Et 2° que les maçonneries destinées à résister à des pressions quelconques auront les épaisseurs voulues de résistance données par les formules en usage. Elles seront faites au mortier hydraulique et revêtues d'un bon enduit ; des expériences préalables fixeront le choix des matières à employer et la proportion de leurs mélanges.

En résumé, toutes les précautions et dispositions recommandées par MM. les Inspecteurs généraux et Ingénieurs Mary, Dupuit, Darcy, Belgrand, etc., etc., dans leurs ouvrages ou mémoires traitant de l'exécution des travaux de prise d'eau seront rigoureusement observées dans la confection de ceux que nous dirigerons.

Rien ne sera négligé pour prévenir les accidents.

Le manque de données sur la valeur réelle des travaux de terrassement et de maçonnerie, projetés dans des conditions si exceptionnelles, nous engage à proposer leur exécution en régie avec le concours de quelques ouvriers spéciaux pour former et diriger les ouvriers de la localité.

Quant à la fourniture et à la pose tant des conduites et des appareils que nous venons d'indiquer, que de ceux qui seront nécessaires pour la distribution intérieure dans le Vigan, des traités spéciaux seront faits avec les fabricants eux-mêmes. Ces derniers sont trop intéressés à maintenir la bonne réputation de leurs produits pour ne pas offrir les meilleures garanties. MM. Belgrand et Darcy n'ont pas agi autrement dans leurs travaux de prise d'eau d'Avallon et de Dijon.

Dans l'exposé qui précède, nous avons fait connaître les dispositions des ouvrages projetés ainsi que les mesures que comporte leur exécution. Il nous reste à les justifier et à faire ressortir les avantages immédiats qui en résulteront pour la ville du Vigan.

Pour que cette justification soit complète, nous supposerons ici que ces ouvrages sont entièrement terminés.

1° TRANCHÉE ET AQUEDUCS.

1° DIRECTION. — La direction donnée à la première partie de la tranchée coupera toutes les couches comprises dans l'étendue de la faille. Elle permettra en conséquence de recueillir la majeure partie, si ce n'est la totalité des sources éparses qui se montrent tant dans l'intérieur et au dehors du bassin que dans le fond de la vallée, sur la rive gauche de la rivière d'Arre.

Cette possibilité ressort surtout de la hauteur à laquelle nous avons vu que se faisait la division des eaux de la faille, c'est-à-dire au niveau *minimum* de l'étiage. Il est donc probable que par cette direction oblique, qui n'allonge le trajet que de quelques mètres, on sera dispensé de tous autres travaux de galerie à travers bancs et de construction de barrages que nécessiterait une entrée directe dans la caverne.

2° Profondeur. — Par suite de la profondeur de 1^m75 au-dessous de l'étiage à laquelle la tranchée sera descendue, on s'assurera si à leur sortie de la caverne les eaux chutent ou ne chutent pas ; de quelle manière elles se comportent dans le trouble occasionné par la dislocation de la faille principale, et quelles dispositions particulières pourraient être adoptées au cas où il serait reconnu utile de recueillir au passage ces courants éparpillés.

A l'intérieur, la source et la grotte pourront facilement être mises à sec par l'aqueduc inférieur de décharge. Il sera alors possible et même facile de séparer les sources de la région des fuites ; de s'introduire dans la conduite souterraine de la faille ; de s'assurer si les courants ont ou n'ont pas l'origine commune que nous leur assignons ; de trouver d'autres fuites que celles existantes dans la caverne, et avoir la possibilité de les supprimer, et enfin de constater peut-être dans des cavernes antérieures des chutes naturelles qui, par leur hauteur, dispenseraient de toute tentative de surélévation artificielle des eaux.

Cette même profondeur de la tranchée présente encore l'avantage de faciliter la construction de trois aqueducs superposés, dont les fonctions distinctes assureront le triple service régulier, simultané ou indépendant du nettoiement de la source pendant ou après les crues, de l'alimentation de la ville en eau claire en tout temps et aussi bien au niveau de l'étiage qu'à toute autre hauteur, et enfin de porter facilement à l'extérieur les eaux superflues destinées à l'irrigation des prairies et des jardins.

3° **Largeur**. — Quant à la largeur de 2 mètres qui a été adoptée pour les déblais, elle ne constituera pas un surcroît de dépense sensible sur celle occasionnée par une dimension un peu moindre.

Il suffit, en effet, de remarquer qu'à la profondeur où doivent être descendus les travaux, le prix de revient d'un même courant de déblais dépend autant de la difficulté d'extraction des matériaux que des quantités à enlever, et que, dans certaines limites, cette difficulté pouvant être considérée comme étant en raison inverse de la largeur du déblai, l'ouverture d'une tranchée de 2 mètres, par exemple, doit revenir sensiblement au même prix que celle de 1^{m}50.

Le cube des maçonneries n'est pas non plus augmenté de beaucoup, puisque ce surcroît de longueur n'affecte que le développement des voûtes et des radiers des aqueducs, sans modifier les pieds droits de ces derniers dans aucune de leurs dimensions.

Ce surcroît de largeur a , au contraire , sa raison, en ce qu'il assure à la source un débouché qui, lors même qu'il atteindrait le volume énorme de 5 mètres cubes à la seconde, ne forcera pas l'eau à s'élever à 2 mètres au-dessus de l'étiage (la vanne de l'aqueduc inférieur étant ouverte).

Cette même dimension permettra probablement encore de recueillir dans l'aqueduc de prise d'eau 100 mètres cubes environ, qui sont plus que suffisants pour les besoins matériels d'une journée.

Il est dans tous les cas incontestable que ce débouché artificiel , qu'on

8

pourra toujours régler suivant l'importance de la source, sera infiniment plus avantageux que celui qu'offrent actuellement les fissures de la caverne.

Mur séparatif des fuites.

Le barrage, destiné à isoler les sources des fuites de la caverne, a l'énorme probabilité pour lui de mettre à sec toutes les fissures qui vont alimenter au dehors les sources de la vallée.

Il peut se faire par conséquent qu'il rende superflue la captation des filtrations de la tranchée extérieure.

Dans tous les cas, soit isolément, soit concurremment avec cette dernière, il doit assurer une augmentation considérable dans le produit utilisable de la source.

Bassin de prise. Regard d'épuration et aqueduc de prise d'eau.

Il suffit d'indiquer le regard d'épuration, le bassin et l'aqueduc de prise d'eau pour rappeler les avantages qui résulteront de leur construction. Ces ouvrages permettront, en effet, à toutes les époques de l'année, de n'introduire dans l'aqueduc ou la conduite d'amenée que des eaux limpides, en même temps qu'ils pourront être transformés en réservoirs alimentaires en cas de visite de la source.

Puits de prise d'eau.

Il en est de même du puits de prise dans lequel l'eau pourra être captée à toutes les hauteurs à partir du niveau de l'étiage.

Vanne de prise d'eau et déversoir inférieur.

Enfin, la vanne de prise d'eau et le déversoir inférieur serviront à déterminer le produit réel de la source, et donneront la mesure de l'importance des résultats que nous cherchons à obtenir.

Ainsi, la mise en fonction d'une manière simultanée ou indépendante — totale ou partielle, des fissures de la caverne et des filtrations de la tranchée fera connaître les corrélations qui les rattachent les unes aux autres et avec les sources extérieures. Les jaugeages faits dans chaque cas détermineront d'une manière positive les différences des débits, et, par suite, la part contributive de chacune d'elles dans les résultats réalisés.

Dans un autre ordre d'idées :

Les jaugeages de la source ainsi captée, qui seront faits avec la vanne de prise d'eau, permettront d'apprécier ce que deviendra son débit aux différentes hauteurs auxquelles on la maintiendra, suivant qu'on lèvera plus ou moins ladite vanne. On appréciera approximativement les niveaux et l'importance des pertes souterraines, et l'on pourra même jauger, pour ainsi dire, la capacité de réservoirs antérieurs de la faille, par la durée que mettra l'eau à attteindre une surélévation donnée.

De ces résultats précieux, on induira alors, mais alors seulement, le niveau auquel la source peut être surélevé et le débit correspondant à cette hauteur.

Nous portons à deux ans au moins la durée de ces expériences.

OBJECTIONS (1). — On objectera probablement que ces expériences sont inutiles, parce qu'il est clairement démontré aujourd'hui :

D'abord : « que le produit des sources diminuant à mesure qu'on élève leur » point d'émission(2) », on ne peut rien espérer d'une élévation de la source

____

(1) Les observations qui suivent sont extraites de notre Mémoire du 15 juin 1861.

(2) Darcy. — Les Fontaines publiques de Dijon.

d'Isis , en ce qui touche du moins une augmentation quelconque de son débit.

En second lieu, « qu'une surcharge résultant d'une élévation de niveau » pouvant donner lieu à des fuites nouvelles susceptibles de s'agrandir au point » d'absorber toute l'eau, et lui donner par là une nouvelle direction, » on doit bien se garder de toucher à la source « en question , à moins que ce ne » soit au contraire pour en faciliter et augmenter le débit, en abaissant le point » d'émergence. »

Nous ne saurions avoir la prétention d'examiner en détail et encore moins de combattre cette double opinion généralement reçue, et que les noms des auteurs qui la professent rend d'autant plus sérieuse. Cependant, ne serait-ce que pour étayer l'idée-mère du projet que nous exposons, nous sommes forcément amené à nous permettre de faire remarquer que ces principes sont peut-être un peu trop absolus, puisque, ne serait-ce que dans certains cas donnés, il peut se faire que les barrages convenablement établis produisent les effets les plus heureux.

Nous prendrons pour exemple une source de la nature de celle qui nous occupe, c'est-à-dire une source de caverne — comme telle la conduite souterraine sera formée de cavités plus ou moins spacieuses , capables de tenir en réserve après les pluies d'hiver et de printemps une certaine quantité d'eau.

Pour avoir la mesure des effets d'un barrage placé devant cette source à débit très variable, comme on l'a vu , il n'y a qu'à examiner sommairement les divers états sous lesquels ces cavernes peuvent se présenter. Il va sans dire que dans cet examen nous admettrons ; pour tous les cas , que l'origine des eaux alimentaires est à un niveau supérieur à celui où peut être posé le barrage.

Ces prémices posées, les cavernes seront étanches ou fissurées, et les fentes de ces dernières ne régneront qu'à partir d'une certaine hauteur (1) au-dessus du fond ou se répartiront sur toute la surface des parois.

Dans le cas peu probable des cavernes étanches, il est évident qu'en agran- Cavernes étanche dissant l'orifice de la source ou en abaissant le niveau, on pourrait vider l'eau en réserve en peu de temps; de même aussi, en élevant le point d'émergence ou en réduisant la section de l'orifice, on parviendrait sans peine à ralentir et à régler l'écoulement même de manière à le rendre permanent, s'il ne l'était déjà.

Sous ce premier état, il serait donc toujours facile de fixer la hauteur de la prise et ses dimensions, de manière à avoir une augmentation de débit en temps d'étiage, puisque, à cette époque, au produit des eaux ordinaires alimentaires de la source, s'ajouterait nécessairement le contenu des cavernes qui n'aurait pas pu se vider pendant les eaux moyennes du printemps. Ainsi, dans ce premier cas et bien que le barrage eût eu pour effet de supprimer l'écoulement de la partie de la réserve intérieure située au-dessous du nouveau point d'émission, on n'en aurait pas moins réalisé une augmentation de débit pour l'époque des basses eaux.

(1) On a déjà vu que les sources extérieures alimentées par la caverne d'Isis ne pouvaient avoir leur origine qu'à 1m40 au-dessus de l'arrivée du courant souterrain.

Cavernes fissurées. Si les fissures sont situées à un niveau supérieur à celui où la prise doit être portée, on tombe naturellement dans le cas des cavernes étanches, et les résultats obtenus seront aussi les mêmes, d'où encore bénéfice en temps d'étiage.

Mais au contraire, et nous devons reconnaître que c'est le cas le plus général, si les fissures règnent sur toute la hauteur, ou, ce qui revient au même, si elles sont atteintes par suite de l'élévation de l'ouverture de sortie, le barrage provoquera alors des effets complexes.

Par suite de l'élévation du point d'émergence, le niveau de la nappe souterraine se trouvera exhaussé d'autant, et alors les fissures inférieures verront leur produit s'accroître, en même temps que de nouvelles fissures, non alimentées en temps ordinaire, seront mises en fonction et contribueront à leur tour à absorber une partie de l'eau que les ouvrages extérieurs avaient cependant pour but de maintenir en réserve.

Examinons ce qui pourra se passer dans ce troisième cas, et afin de supprimer des détails que ne comporte pas le cadre de ce mémoire, admettons que toutes les causes possibles de pertes concourent à la fois à produire l'effet inverse de celui qu'on cherche à réaliser.

Trois cas encore peuvent se produire, car la somme de ces pertes pourra être supérieure, égale ou inférieure au volume d'eau qui serait tenu en réserve dans les cavernes, si ces dernières étaient étanches.

Si ces pertes sont plus considérables, les cavernes se videront plus vite qu'avant les travaux et la source aura aussi plus vite tari : ce sera donc un résultat négatif obtenu.

Dans la possibilité d'une égalité entre l'augmentation des pertes et la retenue, rien ne sera changé quant à la durée de l'écoulement, mais en somme, la source aura diminué de débit sans compensation aucune.

Enfin, si ces pertes sont moins considérables, il est évident que les cavernes seront maintenues plus longtemps pleines, et que leur vidange se faisant ensuite plus lentement qu'avant la pose du barrage, l'écoulement de la source sera prolongé et pourra même devenir permanent. — Il y aura donc en définitive, malgré toutes les pertes éprouvées, une augmentation de débit dans la période critique de l'étiage.

Ainsi, sur les cinq états sous lesquels peuvent se présenter les cavernes, le barrage aura *toujours* pour effet de réduire le débit total de la source en automne, en hiver et au printemps ;

Mais au point de vue de la durée de l'écoulement et de l'augmentation de volume en été, dans un cas seulement, le résultat sera négatif ; dans un autre, il n'y aura ni gain ni perte, tandis que dans les trois autres cas, il y aura réellement bénéfice, puisque la source coulera plus longtemps et en plus grande abondance qu'avant son changement d'état.

En présence de semblables éventualités et quelle que soit du reste la probabilité de chacune d'elles à se produire, il ne serait peut-être pas oiseux de se demander s'il est réellement sage de proscrire les barrages d'une manière aussi absolue qu'on l'a fait jusqu'à ce jour, lorsque l'on sait surtout 1° que les sources de *faille* ou de *caverne* sont infiniment plus nombreuses qu'on ne le pense généralement. — Et 2° que malgré les appréhensions des Ingénieurs et du public, la plupart des sources de cette nature ont été plus ou moins exhaussées, sans qu'il en soit résulté autre chose que de vrais services rendus à ceux qui n'ont pas hésité à tenter ces surélévations.

N'est-il pas vrai, en effet, dans le cas que nous examinons, que plus l'écoulement des cavernes sera ralenti durant les saisons où l'eau est *abondante* et même *superflue*, plus considérable sera à son tour l'écoulement de la source en été ; que, par conséquent, malgré toutes les pertes éprouvées pendant les saisons pluvieuses, il pourra se faire que la source, naguère à sec en temps d'étiage, dispose désormais, pour cette saison, d'une partie, si ce n'est de la totalité de l'eau que l'élévation et l'obstruction de son orifice auront permis de tenir en réserve ?

Or, il est certain, d'autre part, qu'il importe encore davantage aux populations déshéritées d'eau en été, d'avoir une alimentation quelconque *continue*, que de passer d'une excessive abondance, dont elles n'ont que faire, à une extrême disette qui leur est toujours calamiteuse.

Nous n'insistons pas davantage sur cette simple remarque — nous la donnons pour ce qu'elle peut valoir, et sans prétendre en aucune manière qu'elle se vérifiera à la source d'Isis, dont nous ne connaissons ni le débit, ni le régime, et encore moins l'importance et la position relative des fuites souterraines ; seulement, il nous a paru utile de justifier *les tentatives* d'élévation des sources de caverne, à régime variable, en signalant la proportion des cas possibles où les barrages peuvent donner des résultats *positifs* et heureux.

Il est sans doute inutile d'ajouter que de semblables essais, pour ne pas être tentés témérairement ou en pure perte, doivent être précédés d'observations sérieuses sur l'allure des sources à modifier et la manière d'être des couches géologiques traversées ou parcourues par ces cours d'eau.

Nous ne dirons qu'un mot « sur le danger des barrages » à établir devant les sources de cavernes. A cet égard, l'hésitation ne nous est pas permise, car notre conviction est toute formée, en tant qu'il s'agira d'eau ne contenant point en dissolution d'acides libres capables d'attaquer les roches qui les contiennent.

Danger de l'élévation de la source d'Isis

Cette hypothèse admise, et à moins que les pertes intérieures de la caverne d'Isis, dévoilées par les expériences préalables, ne s'y opposent par leur trop grand débit, nous conseillerons l'élévation de son niveau.

Nous le conseillerons, parce qu'il importe encore davantage à la ville du Vigan d'alimenter et d'assainir les quartiers élevés où l'eau ne peut point arriver, que d'augmenter considérablement le volume à dériver.

Nous ne conseillerons peut-être point de porter le niveau de la prise au-dessus des hautes eaux de la caverne, mais jusqu'à ce niveau nous n'hésiterons pas non plus à demander l'élévation de son point d'émergence.

Nous le demanderons avec cette conviction, que le nombre indéfini d'années représenté par la somme des durées des crues survenues depuis les temps géologiques que la source fonctionne, que les formidables coups de bélier

4

qu'ont éprouvé à chaque fois, sans se rompre, les parois souterraines, sont autànt d'épreuves des plus décisives qui attestent la résistance des parois.

Nous le conseillérons encore, parce que l'élévation de la nappe souterraine que provoquera le barrage, aura certainement pour effet positif de ralentir la vitesse du courant, et de substituer à des chocs redoutables une pression permanente, plus faible contre l'encaissement rocheux. — Par conséquent, cette élévation rendra moindres et moins probables à l'avenir, que dans l'état de choses actuel, l'usure et la rupture des parois caverneuses.

4me Section.

RÉPARATION DE L'AQUEDUC D'AMENÉE ET DISTRIBUTION INTÉRIEURE.

Après ce qui a été précédemment exposé, il serait superflu de revenir sur ce qu'il peut y avoir d'irrationnel dans l'exécution de la distribution de la source d'Isis avant d'avoir déterminé le volume à dériver et la hauteur de la prise ; d'ailleurs, l'impatience du public à voir mettre fin, sans plus de retard, au pitoyable état de la canalisation intérieure actuelle est si légitime, qu'elle nous dispense évidemment de toute autre justification à cet égard.

Nous aborderons donc, sans autre préambule, l'exposé de la distribution que nous avons adoptée.

1° RÉPARATION DE L'AQUEDUC.

En attendant que par l'exécution du projet de prise d'eau décrit ci-dessus, on ait déterminé et arrêté le volume d'eau réellement disponible, le niveau le plus convenable de la prise ainsi que le plus sûr et meilleur moyen de le conduire jusqu'à la ville, l'aqueduc d'amenée actuel continuera de servir de véhicule à la distribution jusqu'au 6ᵉ regard situé en face de l'octroi de Rochebelle. Entre la source et ce point, il sera réparé aussi convenablement que possible, et, à cet effet, voici en quoi consiste la restauration provisoire que nous proposons d'y faire (1).

Après avoir soigneusement constaté toutes les pertes qui se manifestent à l'extérieur, la voûte de l'aqueduc sera démolie, du côté d'aval, sur la moitié de son développement et en des points convenablement choisis pour éclairer parfaitement l'intérieur de l'aqueduc et faciliter les mouvements et le travail des ouvriers. On recherchèra ensuite les origines des fuites. Après les avoir reconnues, on essaiera de les supprimer soit en refaisant quelques parties de maçonneries, soit en refouillant et en jointoyant les fentes pour appliquer enfin, sur une assez grande surface une couche de ciment de Vassy de 0ᵐ03 d'épaisseur. Ce travail sera fait par parties successives en partant des prises actuelles. On s'assurera chaque fois des résultats obtenus en mettant l'eau dans l'aqueduc.

Nous avons estimé cette réparation comme équivalant approximativement à la démolition et à la reconstruction de 40 parties d'aqueduc coupées sur 2ᵐ50 de longueur chacune et à l'application d'une surface de ciment de 675 mètres carrés. D'après cela, la dépense a été évaluée à la somme de 2,000 fr. en nombre rond.

(1) Nous disons provisoire, parce que quels que soient les résultats obtenus par la prise d'eau, il faudra de toute nécessité renoncer à l'usage de cet aqueduc, à moins que ce ne soit pour servir de galerie à une conduite forcée.

2° CANALISATION INTÉRIEURE.

D'après nos données, la distribution intérieure pour l'alimentation des fontaines existantes partira provisoirement du 6e regard, où s'arrêteront les réparations de l'aqueduc, et dépendra, à partir de l'origine de la rue des Barris, du projet complet de distribution qui sera ultérieurement exécuté.

En outre, cette distribution partielle doit être conçue de telle sorte qu'en se complétant, elle puisse servir à répandre dans les divers quartiers de la ville, proportionnellement à leurs besoins, l'attribution exceptionnelle de 50 litres à la seconde, soit en moyenne 1 mètre cube d'eau par jour et par habitant.

Enfin, comme dernière condition, il faut encore qu'au cas où le débit de la source permettrait de dériver un volume plus considérable que 50 litres, cet excédant de produit puisse être utilisé par la ville, sans rien changer à la partie de canalisation exécutée.

Avec ces conditions, nous avons admis que la prise pourra toujours être portée au niveau minimum des déversoirs du bassin actuel, et, prenant ensuite cette hauteur pour la mesure des pressions en vertu desquelles l'écoulement se fera dans les tuyaux, nous avons calculé les diamètres des conduites d'un réseau général, d'où nous avons extrait le projet partiel à exécuter immédiatement.

Notre système de distribution, calculé d'après la hauteur des déversoirs, satisfera donc, quel que soit le niveau de la prise définitive, aux conditions posées, puisqu'il sera capable de transporter des quantités d'eau encore plus considérables, si un exhaussement quelconque de la source peut être adopté.

Voyons successivement les dispositions que nous avons arrêtées, en indiquant les principes qui nous ont guidé dans leur adoption.

Quantité d'Eau. L'attribution énorme de 1,000 litres par jour et par habitant, mettra la ville du Vigan dans d'aussi bonnes et larges conditions d'alimentation que la ville du monde la mieux pourvue : Rome. — Nous n'avons donc pas à nous préoccuper de la question de savoir si tous les services que doit assurer cette distribution seront satisfaits. Ils le seront certainement et avec tout le luxe possible, car les relevés statistiques les plus complets, les besoins de toute sorte les mieux étudiés, soit en France, soit en Angleterre, n'élèvent pas à plus de 150 litres par habitant la quantité d'eau journalière nécessaire à un ample approvisionnement des cités populeuses et manufacturières les plus nécessiteuses.

Cependant, l'attribution si exceptionnellement considérable de 1,000 litres par jour et par habitant, que nous admettons pour la ville du Vigan, n'aura certainement rien de surprenant pour quiconque connaît les larges ressources de la fontaine d'Isis, bien aménagée.

On ne sera donc pas étonné que nous nous soyons attaché à rendre ce projet de distribution aussi complet que possible, afin qu'il pourvoie à tous les besoins et qu'il soit capable, aussi, de faire face à toutes les éventualités.

Ce projet se compose :

Système général de la distribution. Plan. 1° D'un réseau de conduites formé d'une artère principale, de quatre répartiteurs et de leurs embranchements, constituant ensemble plusieurs polygones de 3859 mètres de développement, et dont les divers points de contact entr'eux assureront l'alimentation continue dans tous les quartiers, quelles que puissent être les parties en réparation.

2° D'un réservoir situé au Mont-d'Aussée, capable de contenir l'approvisionnement de cinq jours, afin d'alimenter le réseau en cas de suspension de service de l'aqueduc ou de la conduite d'amenée.

3° De vingt-et-une fontaines ou bornes-fontaines à débit continu de 0'67 par robinet, et distantes en moyenne de 90 mètres seulement, pour donner à la classe laborieuse toutes les facilités désirables de puisage et d'abréviation de parcours.

4° De vingt cuves de distribution à placer au centre des intéressés, de manière à répandre à peu de frais dans les habitations le produit de cent concessions particulières, à raison de 20 mètres cubes par jour chacune.

5° De bouches d'eau à installer partout où il en sera reconnu nécessaire, et qui, concurremment avec le superflu des bornes, assureront le lavage parfait de 3745 mètres de longueur de rues et d'égoûts sur tous les points de la ville.

6° De vingt-trois autres bouches placées à des distances très rapprochées de manière à pourvoir à l'alimentation des plus puissantes pompes à incendie, en cas de sinistre n'importe dans quel quartier; et, à cet effet, il a été prévu que le moindre branchement serait capable de débiter 2'68 d'eau à la seconde.

7° D'un répartiteur spécial pour les grandes concessions industrielles qu'alimentera l'excédant du produit de la source d'Isis, pendant neuf mois de l'année au moins.

8° De vingt regards spacieux dans lesquels seront en général placées les origines des branchements des conduites et des fontaines, les cuves de distribution et les bouches d'eau ainsi que quatre-vingt-quatre robinets d'arrêt et de décharge pour faciliter les fonctions des conduites et des appareils.

Enfin, rien n'a été négligé pour que le réseau satisfît à toutes les conditions d'un large bien-être qu'est en droit d'attendre d'une distribution, toute ville privilégiée en eau comme l'est la ville du Vigan.

rtère Principale. Les cinquante litres à distribuer seront pris à l'entrée de la ville, au commencement de la rue des Barris, par l'Artère Principale. Cette conduite-maîtresse suivra dans toute sa longueur les rues des Barris et du Réservoir, traversera les places de l'Église, du Quai et d'Assas, montera les rues de la Calade et du Mûrier jusqu'au boulevard du Plan-d'Auvergne, et ira enfin, déverser son excédant dans le réservoir du Mont-d'Aussée, après avoir parcouru la rue Virenque.

Sa longueur totale sera de 662^{m}70, et elle aura successivement les diamètres de 0^{m}325 jusqu'à la place de l'Église sur 360 mètres de longueur;

De 0^{m}216 entre la place de l'Église et la place d'Assas sur 123^{m}60;

De 0^{m}135 de ce point au réservoir du Mont-d'Aussée sur 180 mètres de longueur.

Cette artère alimentera en route les quatre répartiteurs de la Carriérasse, de la Place, du Pont et de la Condamine; elle desservira directement sur son passage ou par des embranchements neuf fontaines ou bornes-fontaines ayant ensemble seize robinets, dix cuves de distribution pour le service de cinquanteet-une concessions particulières et des bouches d'eau ou à l'incendie ; enfin, elle alimentera deux vasques à placer sur la promenade de l'Hôtel-de-Ville.

Son attribution spéciale en eau sera de 28 litres sur lesquels 10ˡ76 seront réservés pour les bouches des orifices publics. Elle alimentera ainsi 2068 habitants et maintiendra constamment lavés et nettoyés 1722ᵐ de longueur de rues et autant de développement d'égoûts. En un mot, elle répartira la moitié du produit d'une borne par cent habitants, et affectera les 0ᶠ60 de l'eau excédante de la même borne au nettoiement d'un hectomètre de rue et d'égoûts.

Les neufs bornes alimentées, indiquées aux tableaux et dessins ci-annexés, sont les suivantes :

N° 1. Borne à l'origine de la rue des Barris.

N° 2. Borne de la petite place de la Sous-Préfecture.

N° 3. Borne du haut de la rue du Verdier, au moyen d'un branchemen spécial.

N° 4. Borne de l'Église (à porter plus tard au haut de la rue de l'Horloge).

N° 5. Fontaine-Abreuvoir des Châtaigniers, par un branchement dans la rue du Chapeau-Rouge.

N° 6. Borne de la rue des Casernes, par un branchement dans la rue Haute.

N° 7. Fontaine de la place de l'Église.

N° 8. Fontaine de la place d'Assas.

N° 9. Borne au haut de la rue de la Calade.

Sauf la borne de la rue du Verdier et la fontaine-abreuvoir de la promenade des Châtaigniers, dont les conduites seront directement branchées sur l'artère principale, toutes les autres fontaines seront alimentées par les couronnes de distribution des concessions particulières qu'on installera dans des regards de 2^m50 de diamètre au pied ou tout près des bornes N°s 1, 2, 4, 6, 7, 8 et 9. Outre ces regards de distribution, il en sera encore établi trois autres, savoir : un au haut de la rue du Marché dans la rue des Casernes, un autre à l'origine de la rue de l'Église, et enfin un troisième à la rencontre de la rue Mareille.

Chaque couronne de distribution alimentera, en outre, une bouche à incendie ainsi que d'autres bouches d'eau, si leur pose est reconnue utile en cours d'exécution. Enfin, d'autres bouches à incendie seront encore placées dans l'intervalle des regards ci-dessus énumérés, lorsque ces derniers seront distants de plus de 100 mètres les uns des autres.

Des robinets à vanne ou à soupape régleront les fonctions de ces conduites et des autres appareils conformément aux indications du tableau ci-annexé.

Répartiteur de la Carriérasse.

Le répartiteur de la Carriérasse, qu'on peut à la rigueur considérer comme indépendant de l'artère principale, aura son origine au même point que cette dernière. Il sera branché comme elle sur une tubulure d'une cuve spéciale, dans laquelle l'aqueduc ou la conduite d'amenée versera son produit.

Ce répartiteur suivra les rues de la Carriérasse et des Calquières, passera sous l'une des arches de l'avenue du pont, et parcourra dans toute sa longueur le boulevard du Quai-du-Pont.

Sa longueur sera de 503^m70.

C'est par ce répartiteur que sera porté plus tard, dans les quartiers industriels qu'il traverse, l'excédant du produit de la source. La fixation de son diamètre ainsi que sa pose demeureront donc ajournés jusqu'au moment de l'exécution de la conduite d'amenée.

En attendant, le service public de cinq bornes-fontaines et de trente-et-une concessions particulières qu'il doit assurer au moyen d'une attribution spéciale de 10'50 d'eau, sera fait par le répartiteur du Pont, destiné à le remplacer au besoin et à le mettre, dans tous les cas, en communication avec l'ensemble du réseau.

Le répartiteur de la Place partira de la rue du réservoir sous la plate-forme de l'Église, suivra la rue de l'Église, parcourra la place du Marché, montera la ruelle du plan d'Auvergne, traversera le boulevard du Plan-d'Auvergne et la promenade de l'Hôtel-de-Ville pour aboutir à l'artère principale à la rue Mareille par le branchement des vasques de la promenade. Sa longueur totale sera de 309^{m}40, et il aura le diamètre constant de 0^{m}135. Son attribution en eau sera de 6'80, dont 5'38 seront affectés aux orifices publics.

Il alimentera directement sur son passage ou par des embranchements spéciaux les fontaines ou bornes ci-après désignées :

N° 10. Borne dans la rue de l'Église à l'angle de la rue du Pouzadou.

N° 11. Borne sur la petite place de la rue du Four par un branchement spécial.

N° 12. Fontaine de la place du Marché, à quatre robinets.

Nᵒˢ 13-14. Bornes du boulevard du Plan-d'Auvergne, par des branchements spéciaux, l'une à l'angle de la ruelle d'Assas (maison James), et l'autre
à l'angle de la rue de l'Hôtel-de-Ville (maison Marmont).

Ces bornes alimenteront 1071 habitants et arroseront 790 mètres de rues
et d'égoûts ; soit une répartition d'une demi-borne par 100 habitants de 0,70
du produit excédant par hectomètre de rue et d'égoût.

L'excédant du produit des 5ˡ38 que ce répartiteur tirera de l'artère principale sera employé à alimenter deux couronnes de distribution pour six concessions particulières.

Comme les couronnes de distribution alimentées par l'Artère Principale, les
couronnes du répartiteur de la Place seront placées dans deux regards, l'un
situé sur la place du Marché, l'autre au boulevard du Plan-d'Auvergne.
Elles auront, comme les premières, des tubulures spéciales pour l'alimentation
des fontaines ou bornes Nᵒˢ 12 , 13 et 14. Elles seront aussi munies des
appareils nécessaires pour l'alimentation des bouches d'eau et à incendie ,
lesquelles seront, en outre , distribuées dans le parcours du répartiteur à la
distance maximum de 100 mètres.

Des robinets d'arrêt et de décharge , à vanne ou à soupape , régleront les
fonctions du répartiteur de la Place et de ses branchements, ainsi que celles
de ses divers appareils.

Le répartiteur du Pont destiné, comme nous l'avons dit, à mettre en communication le répartiteur de la Carriérasse avec le cœur du réseau, et à le remplacer au besoin pour le service ordinaire des fontaines et des concessions particulières, partira de la place de l'Église. Il sera branché sur une tubulure de la cuve spéciale, qu'on établira, en ce point, pour répartir l'eau de l'artère principale entre les diverses conduites qui y ont ou pourront y avoir par la suite leur origine. — A partir de cette cuve, il traversera la place de l'Eglise et parcourra la rue du Pont jusqu'à l'origine de la rue de la Prairie, où il se divisera en deux branches ; l'une d'elles descendra la rue du Pont jusqu'à la rencontre du répartiteur de la Carriérasse, à son débouché de la rue des Calquières ; l'autre suivra la rue de la Prairie jusqu'à la rencontre du même répartiteur, sur la petite place des Calquières.

Entre son origine et sa bifurcation en deux branches, le répartiteur du Pont aura 40^{m}40 de longueur et 0^{m}135 de diamètre.

Les branches des rues du Pont et de la Prairie auront 0^{m}108 pour la première et de 0^{m}135 pour la seconde, si elles sont posées simultanément ; — mais il conviendra de leur donner le même diamètre de 0^{m}135, au cas où on ne placerait, d'abord, que celle de la rue du Pont.

Elles présenteront ensemble une longueur totale de 398 mètres.

Sur les 10 litres 50 dérivés par le répartiteur du Pont, 5^{l}50 seront appliqués à alimenter les bornes N°s 15 et 16 de la rue du Pont et la borne N° 17 du faubourg du Pont, ainsi que deux couronnes de distribution pour 15 concessions particulières. Ces couronnes seront établies dans les mêmes conditions et rempliront les mêmes fonctions que les précédentes.

Les cinq litres réservés à l'embranchement de la rue de la Prairie serviront à alimenter la borne N° 18, à placer en face de la ruelle de la Sous-Préfecture et la borne N° 19 de la petite place des Calquières. Au pied de chacune de ses bornes, il y aura, comme sur les autres points du réseau, une couronne de distribution pour huit concessions particulières, qu'on installera comme nous l'avons déjà dit.

Des bouches d'eau et à incendie, ainsi que des robinets d'arrêt et de décharge, seront placés dans les mêmes conditions et en égale proportion que dans les autres quartiers de la ville.

En somme, le répartiteur du Pont alimentera 541 habitants et tiendra constamment nettoyés 758 mètres de rues et d'égoûts correspondants ; ce qui porte la proportion de la répartition à 0,60 de borne par 100 habitants, à 0.50 du produit excédant par hectomètre de rue et d'égoût.

Répartiteur de la Condamine

Enfin, le répartiteur de la Condamine aura son origine à la cuve de distribution alimentaire de la fontaine de la place d'Assas et descendra la rue de la Condamine jusqu'à l'Hospice, où il s'arrêtera. Il alimentera sur son trajet la fontaine actuelle de la Condamine N° 20, plus une borne N° 21 à établir vers son extrémité. La longueur de ce répartiteur sera de 256^{m}10, son diamètre aura 0^{m}081. Deux couronnes de distributions seront établies, dans les mêmes conditions et avec les mêmes appareils que les précédentes, au pied de ces bornes. Elles assureront ainsi, au moyen de 2 litres 95, le service des deux bornes et de sept concessions particulières, comprenant une prise double pour l'Hospice.

A la rencontre de la rue du Tribunal, il se détachera de ce répartiteur un branchement qui portera l'eau aux Prisons et à l'Abattoir, et qui alimentera, en outre, une ou deux concessions particulières, avec son produit total de 1ʳ15.

Ce branchement se soudera au répartiteur de la Carriérasse à son arrivée sur le boulevard du Quai-du-Pont. Sa longueur totale sera de 218ᵐ70; il aura 0ᵐ081 de diamètre.

Les deux branchements de ce répartiteur alimenteront une population de 344 habitants, et laveront 275 mètres de rues et d'égoûts. La proportion de cette répartition sera encore de 0,60 de borne par 100 habitants et de 0,66 du superflu de ces bornes par hectomètre de rue et d'égoût correspondant.

En résumé, le réseau que nous venons de décrire distribuera les 50 litres dérivés dans les proportions ci-après :

Alimentation de vingt-et-une fontaines ou bornes-fontaines ayant ensemble trente-et-un robinets. . . . . , ... 21 litres.

Cent concessions particulières. 23

Deux vasques sur la place de l'Hôtel-de-Ville. 6

Total. . . . . 50 litres.

Population alimentée par les bornes. . . . . 4054 habit.

Longueur des rues et d'égoûts correspondants. . . . . . . 3745 mètr.
soit le produit de 0,50 de borne par cent habitants , et de 0,60 de leur excédant par hectomètre de rue et d'égoût correspondant.

Profil en long.

Au point de vue du profil en long de ce réseau, nous sommes heureux de pouvoir donner l'assurance qu'aucune partie de la distribution ne présente de *points hauts*, et que la rencontre des pentes des conduites de sens contraire n'a lieu, nulle part, de manière à présenter leur convexité vers le ciel.

En conséquence, l'air contenu dans l'eau s'évacuera facilement par les orifices en fonction, en remontant naturellement les branches ascendantes des conduites, de sorte que l'écoulement ne sera jamais suspendu ni même modifié.

Cette heureuse disposition du plan de réseau a dispensé de prévoir l'emploi des ventouses qu'on est en usage de placer dans la plupart des distributions.

Telles sont les fonctions que rempliront en temps ordinaire les branches du réseau une fois terminé. Mais, nous l'avons dit, ces conditions de l'écoulement des tuyaux sont sujettes à des troubles divers qui peuvent modifier leur jeu ordinaire et les appeler, tour à tour, à remplir les rôles de répartiteurs ou de simples branchements et *vice versâ;* c'est-à-dire à transporter ou à recevoir des volumes variables.

Pour que la distribution du Vigan prévienne toutes les éventualités, de manière à avoir une alimentation continue, il y a donc eu lieu, pour nous, de rechercher à quelles conditions supplémentaires chaque partie du réseau pourrait être accidentellement soumise.

Cet examen nous a amené à reconnaître que les plus grandes perturbations que puisse éprouver la distribution se produiront :

1° Lorsque la prise ou la conduite d'amenée sera en réparation ;

2° Lorsque l'artère principale sera coupée vers le haut de la rue des Barris ;

Et 3° lorsque le répartiteur de la Carriérasse ne fonctionnera pas (comme dans le cas de la distribution incomplète à exécuter immédiatement).

Voyons rapidement ce qui devra se passer dans chacun de ces cas :

1er Cas. — Dans cette circonstance, la plus grave de toutes, l'alimentation de la ville ne pourra être faite que par le réservoir du Mont-d'Aussée. Il faudra donc que la capacité de ce dernier soit suffisante pour pourvoir aux besoins de première nécessité pendant toute la durée des réparations ; or, on sait qu'en général ces réparations ne durent pas plus de cinq jours, et que 40 litres par jour et par habitant, bien aménagés, satisfont convenablement aux exigences les plus grandes des ménages (1). En donnant donc au réservoir une capacité de 800 mètres cubes., on pourra être certain que la population n'aura pas à souffrir de la suspension du service de la conduite d'amenée; car, par l'Artère Principale et le répartiteur de la Place, cette attribution d'eau pourra être répartie dans toute la ville, en trois services, d'une heure et demie chacun.

Réparation de la prise d'eau

2e Cas. — Lorsque l'Artère Principale sera coupée vers le haut de la rue des Barris, le répartiteur de la Carriérasse devra en faire les fonctions et alimenter toute la distribution, soit directement, soit au moyen des branchements des rues de la Prairie, du Pont et du Tribunal.

L'Artère Principale coupée dans la rue des Barris.

(1) La plupart des cités n'ont pas même cette attribution.

11

Ces dernières conduites devront donc être capables de porter dans les quartiers desservis par l'Artère Principale, le répartiteur de la Place et celui de la Condamine, les quantités d'eau nécessaires à leur alimentation. Or, nous avons vu que, dans les plus larges prévisions, on n'admet pas une attribution supérieure à 150 lit. par jour et par habitant. Par conséquent, en portant, au Vigan, cette attribution au tiers de la distribution normale, soit 333 litres, on sera certain de satisfaire à toutes les exigences, et, pour cela, il suffira que les branches précitées soient capables de transporter les volumes ci-après :

Répartiteur de la Carriérasse.

Le haut des Barris étant déjà servi, la quantité à porter jusqu'à
la rue de la Prairie sera de.. . . . . 15ˡ85
Jusqu'à la rue du Pont. 10ˡ65
Jusqu'à la rue du Tribunal. 5ˡ25

Branche de la rue de la Prairie.

A l'origine. 5ˡ20
A sa jonction avec le branchement de la rue du Pont. , . . . 3ˡ56

Branche de la rue du Pont.

A son origine. 5ˡ40
A sa jonction avec la branche de la rue de la Prairie.. . . . . 3ˡ50
A sa jonction avec l'Artère Principale. 7ˡ06

Branchement de la Condamine.

A l'origine. 5ˡ25
A sa jonction avec l'Artère Principale. 4ˡ80

3e Cas. — Si le répartiteur de la Carriérasse a ses fonctions suspendues pour cause de réparations, l'Artère Principale aura à porter jusqu'au répartiteur de la rue du Pont, l'eau nécessaire à l'alimentation de ce quartier, soit 10l50 seulement en sus du service normal ; par conséquent, dans ce troisième cas, et même sans suspendre le jeu des bouches des vasques de la place de l'Hôtel-de-Ville, toutes les conduites feront encore, à très peu près, tout le service de luxe que prévoit le projet.

Il est enfin, un quatrième cas exceptionnel que les conditions présentes nous ont amené à examiner, c'est celui d'une distribution incomplète comme celle qu'on se propose de faire ; mais, dans ce cas, les parties élevées de la ville ne pouvant pas être alimentées, l'attribution *totale* de chaque quartier desservi sera plus qu'assurée, puisque la conduite-maîtresse n'aura à transporter que 38l10.

En résumé, quel que soit l'état de la distribution, l'alimentation de la ville du Vigan sera assurée par le système polygonal de réseau projeté, en donnant aux conduites les diamètres capables de faire les doubles services, que les cas de réparations, en un point quelconque du parcours, peuvent imposer.

C'est en conséquence de toutes ces considérations que les diamètres ont été déterminés (voir le tableau ci-annexé), en n'admettant dans aucun cas des orifices inférieurs à 0m054, ni des débits moindres que 2l68 à la seconde, afin d'assurer partout le service des pompes à incendie.

Nous n'avons pas à justifier les formules dont nous nous sommes servi dans les calculs des diamètres du réseau du Vigan. Elles émanent d'une autorité trop considérable — l'inspecteur-général Darcy — pour que nous puissions avoir

Répartiteur de la Condamin en réparation.

Calculs des diamètres des conduites.

l'idée de nous y arrêter. Nous nous bornons donc à dire que, conformément aux résultats des remarquables et concluantes expériences de ce savant et si regrettable Ingénieur, sur le mouvement de l'eau dans les tuyaux et aux précautions qu'il conseille de prendre dans l'application (1), nous avons admis :

1° Que les relations existant entre les pentes et les vitesses étaient représentées par l'équation monome

$$R\,I = b_1\,v^2$$

dans laquelle le coefficient b_1 est donné par la formule :

$$b_1 = 0,00051 + \frac{0,000,0065}{R}$$

2° Qu'afin de tenir compte des retards que les dépôts et autres obstacles ont éprouver à la vitesse de l'eau, les pentes ou plutôt les pertes de charge données par la formule devraient être doublées ;

Et 3° enfin, que l'épaisseur de la couche déposée étant encore une cause d'affaiblissement du volume de l'écoulement, il était utile d'augmenter les résultats trouvés d'une certaine quantité.

(1) Voir les Fontaines publiques de la ville de Dijon, 1856, et Recherches expérimentales sur le mouvement de l'eau dans les tuyaux, 1857, par H. Darcy, Inspecteur général des Ponts-et-Chaussées.

C'est en vertu de ces principes et en nous tenant dans les limites applicables d'une série de diamètres usuellement fabriqués, que nous avons prévu l'emploi de tuyaux ayant successivement les diamètres de

$$0^m,325$$
$$0^m,216$$
$$0^m,135$$
$$0^m,108$$
$$0^m,081$$
$$0^m,054$$

Les tuyaux de plomb de $0^m,034$ de diamètre ne seront employés que pour le raccordement des orifices des bornes avec les couronnes de distribution ou les branchements.

DESCRIPTION ET CLASSIFICATION DES OUVRAGES ET APPAREILS. — L'établissement des réservoirs d'alimentation supplémentaire des villes est reconnu depuis longtemps indispensable à plusieurs points de vue. — Dans la seule circonstance où nous avons eu l'occasion de les citer, nous avons vu combien il était utile qu'au Vigan un réservoir, placé en dehors du réseau et en un point supérieur, fut construit de manière à être capable de répandre dans les conduites, l'alimentation de tous les quartiers pendant la durée de cinq jours, que peuvent exiger les réparations à la prise. Ne serait-ce donc que pour ce motif seul, on ne devra pas hésiter à comprendre dans l'exécution définitive des travaux, l'établissement du réservoir du Mont-d'Aussée, et à lui donner la capacité de 800 à 1000 mètres cubes, afin d'assurer l'approvisionnement de cinq jours.

Réservoir.

Les conduites seront en tôle bitumée, avec joints à emboîtement précis, de la fabrique de MM. Chameroy et Cᵉ, à Paris. Une longue expérience

Conduites.

faite dans les principales villes de France , où elles ont été employées sur une grande échelle , justifie l'excellence de leur emploi, en même temps qu'elles ont pour elles l'avantage de permettre de réaliser une économie de 0,50 pour cent environ , sur les conduites en fonte. Nous n'avons donc pas hésité à les adopter, surtout en considération du peu de pression (16 mètres au plus) qu'elles auront à supporter.

Le développement total de l'Artère Principale , des répartiteurs et de leurs embranchements sera de 3,858^{m}90 , et celui des raccordements des prises d'eau et des bornes de 400^m; ce qui fait en tout 4,258^m,90 de longueur de tuyaux.

Les courbes de raccordement n'auront jamais leur rayon inférieur à vingt-quatre fois les diamètres des tuyaux.

Sauf dans la rue des Barris , où nous jetterons probablement la conduite maîtresse dans l'aqueduc d'amenée actuel, le restant du réseau sera placé en pleine terre , à 1^{m}40 en moyenne sous le pavé des rues.

A cette profondeur, le rayonnement de la chaleur solaire de même que les gelées sont presque sans influence, et les vibrations du sol ainsi que les compressions accidentelles, résultant du passage de lourds chargements sur le pavé, sont à peu près insensibles. Ainsi établie, la distribution se trouvera donc à l'abri des causes de rupture ou d'écrasement des tuyaux , et l'eau, dans son trajet souterrain , ne perdra rien de sa remarquable fraîcheur.

Tubulures. Indépendamment des branchements qui se soudent sur l'Artère Principale et ses répartiteurs, des tubulures ont été prévues au droit de chaque rue qu'elles rencontrent sur leur passage, afin de prévenir, en cas de besoins nouveaux, toutes les difficultés que présentent en général les raccords de branches nouvelles sur les conduites en tôle et bitumé.

Au haut de la rue des Barris, et sur la place de l'Église (en face de la rue du Pont), d'où doivent ou peuvent rayonner plusieurs conduites de grands diamètres, l'Artère Principale aboutira dans des cuves de distribution cylindriques, offrant sur leur circonférence autant de tubulures qu'il y aura de conduites à desservir; ces cuves seront construites sur le modèle adopté dans la distribution de la ville de Dijon, par Darcy (1).

Les prises des concessions particulières auront leur origine sur des couronnes de distribution qu'on placera de distance en distance, et au mieux des intérêts des concessionnaires.

Ces couronnes seront en fonte de 0^m012 d'épaisseur. Elles seront formées de quatre segments égaux de tuyaux courbes, à doubles brides, de 0^m50 de rayon intérieur, et qui, par leur réunion, formeront une couronne complète ayant un mètre de diamètre de vide intérieur. Ces tuyaux auront 0^m136 de diamètre.

De leur circonférence extérieure et à des distances égales, des tubulures venues à la fonte, rayonneront dans toutes les directions. — Deux de ces tubulures seront destinées, l'une à mettre la couronne en communication avec la conduite alimentaire, au moyen d'un tuyau de 0^m081 à 0^m108 de diamètre; l'autre à alimenter les prises des bouches d'eau et des fontaines, près desquelles les couronnes seront en général placées. Les autres tubulures

____

(1) Les fontaines publiques de la ville de Dijon, par Darcy.

Cuves
de distribution.

Couronnes,
Distribution.

seront destinées à recevoir les robinets de jauge des concessions particulières; leur diamètre sera de 0^{m}06.

Cette réunion par groupes de prises des concessions particulières et de la ville, nous a paru présenter de grands avantages sur le système de prises isolées et indépendantes.

Les concessionnaires y gagneront plutôt qu'ils n'y perdront, en ce qu'ils n'auront à supporter qu'une part proportionnelle des frais d'installation de la prise d'eau et du regard de la couronne; tandis que cette double dépense (bien que moindre) serait entièrement à leur charge pour la prise d'eau et le regard qu'exigerait toute concession isolée. Cette économie compensera donc, et au-delà, la valeur des quelques mètres de tuyaux de plus qui seront imposés à certaines concessions un peu éloignées des regards. — Ces derniers, d'ailleurs, devant être placés à une distance moyenne de 100 mètres, les plus longues branches des prises particulières n'auront pas, en général, plus de 50 mètres.

Pour les mêmes motifs, mais dans une proportion bien plus considérable, la ville réalisera une grande économie; car par l'adoption de notre système, elle sera dispensée d'avoir des prises d'eau et des regards spéciaux pour l'alimentation de la plupart des bornes et autres orifices publics.

Mais à ces avantages pécuniaires, s'en ajoutent d'autres non moins sérieux au point de vue de l'intérêt commun.

Toutes les prises étant concentrées sur vingt points seulement du réseau, le nombre de regards sur la voie publique (qui sont de vrais embarras pour la circulation) sera considérablement réduit.

Ces mêmes prises étant enfermées dans des regards spacieux, profonds et parfaitement installés et aérés, seront à l'abri de toute sorte de trouble. Elles n'exigeront pour ainsi dire aucune réparation ni entretien et leurs fonctions pourront toujours être surveillées, réglées, arrêtées ou suspendues avec la plus grande facilité.

Enfin, les conduites alimentaires n'auront pas à redouter les conséquences des approches toujours trop souvent répétées qu'entraînerait leur contact direct avec les prises qui nous occupent.

Les robinets employés dans la distribution seront, suivant leurs diamètres et leur destination, des robinets à vanne, à soupape ou à boisseau, et serviront de robinets d'arrêt, de décharge, à air ou de jauge.

Robinets.

Les robinets à vanne et à soupape seront du système Herdevin, que la ville de Paris a adopté et qui offre toutes les garanties désirables au point de vue de l'étanchéité et de l'économie.

Les robinets d'arrêt seront placés à l'origine et même dans le parcours des conduites, lorsque leur longueur sera un peu considérable ; ils auront pour objet d'arrêter l'arrivée de l'eau en cas de réparations, et de cantonner l'interruption du service sur des faibles longueurs seulement. Il n'y aura d'exception, à cette règle, que pour les branchements de faible longueur et de faible diamètre.

Robinets d'arrêt.

Un robinet de décharge sera toujours placé entre deux robinets d'arrêt consécutifs, afin de vider les tuyaux lorsque leurs fonctions seront suspendues. Leur position sera déterminée par le profil de la conduite où ils seront, en général, placés à leur extrémité inférieure.

Robinets
de décharge.

12

Robinets à air.

Ces robinets sont utiles pour évacuer l'air des conduites en pente, lorsqu'elles sont en charge ; on en posera en cours d'exécution sur tous les points du réseau, où ils seront reconnus nécessaires.

Des robinets d'arrêt, de décharge et à air, seront placés sur les cuves et couronnes de distribution ou de leurs branchements.

Robinets de jauge.

Le nom donné à cette dernière classe de robinets, indique surabondamment leurs fonctions et l'utilité de leur emploi. Il en sera donc posé à l'origine de toutes les branches des orifices particuliers, afin de régler sûrement les concessions souscrites.

A défaut de meilleur modèle, on emploiera les robinets de jauge de Paris, à trois boisseaux et à débit fixe.

Mais, préoccupé en cette occasion de l'utilité des robinets de jauge à débit variable, nous espérons pouvoir adopter, dans la distribution du Vigan, un système qui permettra de régler le produit des concessions d'hiver et des concessions d'été sans déranger en rien les prises établies.

Bouches d'Eau et à incendie.

Nous avons dit précédemment combien il était utile de multiplier dans les villes les bouches d'eau et à incendie, afin d'assurer le lavage des rues et des égoûts et de pouvoir porter de prompts et efficaces secours en cas de sinistre. Il en sera donc placé dans la ville du Vigan, sur tous les points où elles seront reconnues utiles, et au moins dans les limites des distances que nous avons indiquées.

Les modèles de ces bouches d'eau seront empruntés au portefeuille municipal de la ville de Paris.

Nous n'avons aucune disposition particulière à faire connaître au sujet des vasques de la promenade de l'Hôtel-de-Ville, ni des onze bornes-fontaines qui doivent compléter plus tard le réseau du Vigan. Les formes et dimensions de ces bassins, de même que les modèles des bornes ne seront arrêtés qu'au moment de leur pose, afin de mettre à profit les progrès que l'art de la fontainerie aurait faits à cette époque.

Les cuves de distribution des eaux des conduites et des concessions seront placées dans des regards circulaires de 2^{m}00 à 2^{m}50 de diamètre. Ces regards seront surmontés d'une voûte hémisphérique percée en son milieu d'une ouverture de 0^{m}60 à 0^{m}80 de diamètre, sur laquelle sera appliquée un tampon en fonte.

Pour faciliter la manœuvre des nombreux appareils, des diverses conduites qu'ils contiendront, leur pavé sera placé à un mètre en contre-bas du niveau des cuves ou couronnes de distribution. Leur hauteur sous la voûte sera de 2^{m}25. Les pieds droits auront 0^{m}50 d'épaisseur, et la clé 0^{m}40. Tout le parement intérieur sera en moëllons piqués. Le radier aura 0^{m}30 d'épaisseur, y compris un dallage de 0^{m}10. Au centre du regard, il sera creusé un puits perdu circulaire de 0^{m}40 de diamètre, dans œuvre, destiné à absorber les fuites que pourraient présenter les robinets.

Les couronnes de distribution qui seront placées dans ces regards, seront supportées par de légers massifs circulaires en pierre de taille, dont le couronnement sera un peu évasé en son milieu. Ces massifs qui auront un mètre de hauteur, pourront être remplacés par des tiges verticales en fer, scellées dans le radier ; et surmontées à leur extrémité supérieure par un demi-collier destiné à servir de support à la couronne.

C'est dans le vide qui existera entre le parement intérieur des regards et les couronnes que s'adapteront les divers robinets auxquels viendront se souder de l'extérieur les branches de toutes les prises. A cet effet, dans la construction des regards, on aura soin de ménager au droit de chaque tubulure des couronnes, et dans toute l'épaisseur de la maçonnerie, des trous carrés de 0^m20 de côté, pour permettre l'introduction de l'extrémité des tuyaux de prises.

Lorsque les couronnes devront avoir un grand nombre de tubulures, elles comprendront deux parties droites dont les extrémités seront reliées par deux demi-cercles de tuyaux courbes de 0^m50 de rayon. Le plan du regard sera alors modifié en conséquence, et de manière à présenter dans tout son contour le même vide entre le parement intérieur et la couronne. (Voir pl.)

Bouches à clé.   Toutes les fois que les robinets des conduites ne seront pas placés dans l'un des regards dont nous venons de parler, et qu'ils seront adaptés sur des tuyaux en pleine terre, ils seront enveloppés d'une petite chambre en maçonnerie surmontée d'un tube vertical pour l'introduction de la clé du robinet.

Ces chambres et leurs accessoires, qui portent le nom de bouches à clé, seront construits d'après les indications du portefeuille municipal de la ville de Paris.

Conduites des concessions particulières.   Les conduites des prises des concessionnaires seront toutes métalliques, et, à cet effet, nous ne saurions trop engager les propriétaires à ne pas adopter des diamètres inférieurs à 0^m054. L'adoption de ce diamètre ne leur occasionnera pas une dépense sensiblement plus forte que pour d'autres tuyaux de plus faibles calibres, tandis qu'elle leur assure, même après un très long usage des conduites, de pouvoir transporter chez eux le produit total de leurs concessions avec une très faible perte de charge.

Ces concessions ne pouvant être faites que dans l'exécution définitive des travaux, nous ne les citons ici que pour mémoire, nous bornant à dire, en ce qui les concerne, qu'elles pourront être de plusieurs livres et même servir de moteurs hydrauliques en utilisant la charge disponible (12 mètres au moins) sous laquelle leur écoulement se fera dans les quartiers où elles seront employées.

Concessions industrielles.

Les appareils de prise, de jauge et de conduite de ces concessions, seront aux dimensions près, les mêmes que ceux des concessions particulières.

Ici se termine la description du projet de la distribution intérieure que nous avons adopté pour l'alimentation de la ville du Vigan, et dont l'exécution entière ou partielle demeure subordonnée à la fixation de la prise définitive.

Afin de donner une idée exacte de la mesure dans laquelle ce projet peut être exécuté, nous indiquons dans le tableau ci-après les charges utiles, en vertu desquelles l'écoulement des bornes aura lieu, suivant que la prise sera maintenue à l'extérieur, ou placée dans la caverne à la hauteur minimum qu'elle peut occuper ; c'est-à-dire, au niveau des déversoirs actuels du bassin.

Ce tableau comparatif résume plus éloquemment que nous ne saurions le faire, dans quelles limites il convient d'exécuter les travaux qui ont fait l'objet des projets ci-dessus décrits.

TABLEAU COMPARATIF

de l'Écoulement des Bornes suivant le niveau de la Prise.

NUMÉROS.	DÉSIGNATION DES BORNES. EMPLACEMENT.	altitude des orifices d'écoulement.	COLONNE PIÉZOMÉTRIQUE ou charge sur les orifices suivant que l'eau est prise À L'EXTÉRIEUR au niveau du 6e regard exhaussé de 0m60.	au niveau de l'étiage.	dans la CAVERNE au niveau des déversoirs du bassin extérieur.	BORNES-FONTAINES non alimentées ou imparfaitement alimentées suivant que l'eau est prise au niveau du 6e regard.	de l'étiage.	dos déversoirs.	EXHAUSSEMENT à donner au niveau de la source pour assurer l'alimentation de tous les orifices.
	Prises — (Altitude).		230m742	255m520	254m060				
	Entrée de la ville, Col. piésomét.		230,588	252,678	255,218				2m60 suffiraient en augmentant les diamètres des conduites des quartiers élevés.
1	Rue des Barris, Maison Boissier.	232,600	—2,162	—0,012	0,468	1	1 impt		
2	Place de la Sous-Préfecture.	229,608	0,249	2,339	2,879	2 impt			
5	Rue du Verdier, contre le Jardin de la Sous-Préfecture.	255, »	—5,149	—3,059	—2,519	5	5	5	
4	Rue de l'Horloge, contre l'Église.	229,462	—0,059	2,571	5,111	4 impt			
5	Place des Châtaigniers, contre le Jardin de Ginestous.	254,500	—5,040	—2,950	—2,410	5	5	5	
6	Rue Haute, contre le Jardin Authouard.	229,489	0,200	2,295	2,835				—
7	Place de l'Église,	227,548	1,452	3,522	4,062				
8	Place d'Assas.	225,472	3,857	5,947	6,487				
9	Rue de la Calade, Maison de Mlle Fanny Vireaque.	227,655	2,045	4,155	4,675				
10	Rue de l'Église, Maison Arcis.	226,412	5,548	5,638	6,178				
11	Rue du Four, Maison Boudon.	226,140	0,952	5,042	3,582				
12	Place du Marché.	228,851	0,197	2,287	2,827				
15	Place du plan d'Auvergne, Maison Jammes.	252,675	—6,083	—3,995	—3,455	15	15	15	* Peut être réduite à 1m80 en augmentant le diamètre du branchement.
14	idem, en face de la Maison Marmont.	229,370	—2,126	—0,036	0,504	14	14 impt		
15	Rue du Pont.	225,856	5,402	7,492	8,032				
16	idem, Maison Broailhet.	221,800	4,550	6,600	7,180				
17	Foubourg du Pont.	226,876	1,109	5,199	3,759				
18	Rue de la Prairie Maison Baumier	225,548	5,850	5,940	6,480				
19	idem, contre le Jardin Béaumier.	225,124	5,221	7,511	7,851				
20	Rue de la Condamine, Jardin d'Alzon.	222,987	5,718	7,808	8,348				
21	idem, Hospice.	219,784	7,363	9,455	9,995				
Vasques.	Place de la Mairie.	251, »	—2,195	—0,105	0,455	V.	V.		

EXÉCUTION PARTIELLE DE LA DISTRIBUTION,

l'eau étant prise provisoirement au 6ᵉ regard, exhaussé de 0ᵐ60.

C'est du projet complet dont nous venons de faire l'exposé, et sans changer absolument rien à aucune de ses dispositions, que nous avons extrait le devis des travaux à faire pour l'alimentation de la ville avec les bornes actuellement existantes, l'eau étant prise au sixième regard, à 0ᵐ60 au-dessus du radier.

Mais ce projet a dû comprendre, en outre, la pose de 154ᵐ70 de tuyaux de 0ᵐ325 de diamètre, pour relier le sixième regard au réseau de la distribution proprement dite. Cette partie de conduite sera déposée plus tard, et trouvera, dans tous les cas, son emploi définitif dans la pose du répartiteur des concessions industrielles de la Carriérasse.

Cette distribution partielle sur laquelle nous n'avons donc pas à nous arrêter, comprend les ouvrages indiqués au détail estimatif ci-annexé, et qu'on peut résumer comme ci-après :

Pose de l'Artère Principale entre le sixième regard et la place d'Assas, avec branchement dans la rue Haute.

Pose du répartiteur de la Place jusqu'à la place du Marché.

Pose du répartiteur du Pont (branche de la rue du Pont) et d'un branchement dans la rue des Calquières.

Pose du répartiteur de la Condamine jusqu'à la maison d'Alzon, avec branchements pour les prises de l'Hospice, des Prisons et de l'Abattoir.

Longueur totale des tranchées. 1605ᵐ50

Longueur de conduite, y compris les tuyaux de décharge.. . 1994ᵐ20

Nombre de regards. 16

Nombre de cuves ou couronnes de distribution des conduites et des concessions particulières, y compris leurs accessoires. . . 15

Nombre de robinets d'arrêt et de décharge. 38

Nombre de bouches d'eau et à incendie. 16

Fontaines et bornes alimentées. 10

Savoir : N° 2. Borne de la Sous-Préfecture,
    — 4. Borne de l'Église,
    — 6. Borne des Casernes,   imparfaitement.
    — 7. Fontaine de la place de l'Église.
    — 8. Fontaine de la place d'Assas.
    — 12. Fontaine de la place du Marché.
    — 15. Borne de la rue du Pont.
    — 17. Borne du Pont.
    — 19. Borne de la petite place des Calquières.
    — 20. Borne de la Condamine.

Réparation des bornes, ouverture de rigoles de décharge, fourniture de bouts, tampons, tubulures et approvisionnement de tuyaux et de robinets, essais des conduites, frais de surveillance des travaux, etc., etc., dépense totale. . . . . 44,000 fr.

Ainsi, la dépense totale du projet partiel qui nous a été demandé, s'élève Récapitulation. à la somme totale de 44,000 francs, y compris une somme à valoir de 6,477 fr. 82 c. pour frais imprévus, approvisionnement de tuyaux et appareils, ainsi que les avances que la ville sera obligée de faire pour la construction d'une partie des regards, et la pose des couronnes de distribution.

En récapitulant les dépenses qu'occasionnera l'exécution des travaux à faire immédiatement ; on voit que la somme totale à y affecter sera de 60,000 fr. comprenant une somme à valoir générale de 4,000 fr. pour cas imprévus, et de 1,000 fr. pour l'achat et la clôture d'un quart d'hectare de terrain de l'enclos de M. d'Espinassous, où se trouve la caverne d'Isis, et pour l'indemnité de passage de l'aqueduc de décharge, dans le pré de M. Pelon Jean, de Rochebelle.

Tout le monde a reconnu avec nous de quelle indispensable nécessité il est Conséquences. de ne pas retarder plus longtemps l'exécution de ces travaux. Personne, bien certainement, ne trouverait trop chèrement payés les grands services que rendra à la cité la nouvelle canalisation. Mais que ne dira-t-on pas lorsqu'on aura démontré ailleurs qu'ici :

Que ces immenses avantages, ce large bien-être, auquel aspire en vain le public depuis des siècles, peut être réalisé au grand profit de tous, sans sacrifice aucun pour la ville, par la mise à exécution des projets dont le Conseil municipal actuel poursuit ardemment la réalisation ;

Qu'avec la source bien captée et une distribution complète, solide, durable et étanche, comme celle que nous avons essayé de prévoir, l'eau sera toujours répandue avec profusion dans les conduites , l'alimentation ne sera jamais interrompue, les réparations si onéreuses, surtout pour les concessionnaires, lesquels ne dépensent pas moins de 40 fr. par an, seront désormais à peu près nulles;

En un mot, qu'avec cette triple sécurité, avec la suppression radicale des prises clandestines, et en fixant, par exemple, la concession journalière d'un hectolitre d'eau au prix infime de *trente-six centimes et demi par an* (1) , on peut être assuré que toutes les maisons, tous les ménages où l'eau pourra arriver, auront des robinets particuliers ; et , par suite, que la ville du Vigan n'aura fait que convertir ses capitaux en un revenu minimum de plus de 10 p. 100 !

Cette conclusion est d'une vérité si éclatante qu'elle ne souffre pas la moindre discussion, ne comporte pas même le moindre développement.

Tout le monde sait, en effet, avec nous :

Qu'au prix de *trente-six centimes et demi*, *la fourniture* JOURNALIÈRE *d'un hectolitre d'eau coûtera à peine au concessionnaire*, EN UNE ANNÉE, *la valeur du transport à bras de ce même hectolitre puisé aux orifices publics, pour les besoins d'*UNE SEULE JOURNÉE;

(1) La même concession d'eau se vend : à Paris, 40 fr. ; à Lyon, 25 fr. 25 c. ; à Versailles, Toulouse et dans toutes les villes d'Angleterre et de Belgique, 20 fr. ; à Dijon, 10 fr., et, nulle part, elle ne descend au-dessous de 7 fr.

Que les propriétaires de jardins, en prenant au prix de 78 fr. par an une concession journalière de 200 hectolitres, après avoir satisfait à tous leurs besoins domestiques, ainsi qu'à ceux des locataires de leurs maisons, auront encore la faculté d'arroser 20 ares de jardin, d'un produit net de plus de 80 fr. en sus de celui de la même surface de terrain non arrosé ;

Que même avec la canalisation incomplète — sans aucune de ces grandes concessions industrielles qu'on pourra livrer à des prix graduellement réduits après l'exécution de l'entier projet, — l'eau, dérivée provisoirement, permettra toujours de disposer de 20 à 25 litres, en faveur des concessions particulières, et assurera par conséquent un revenu annuel de 6,400 à 8,000 fr. (1);

Que dans des conditions si heureusement avantageuses et pour atteindre encore plus sûrement le but indiqué, il ne sera point onéreux à la ville du Vigan de défrayer les concessionnaires des premiers frais d'établissement de leurs prises, en leur faisant la remise de tout ou partie du prix de leur abonnement pendant la première et même les deux premières années ;

Enfin, qu'en permettant ainsi aux familles les moins aisées d'avoir dans leur ménage — sous la main — à discrétion, et pour ainsi dire *gratuitement*, l'eau nécessaire à leurs besoins, l'érection des bornes-fontaines serait incontestablement superflue, si ces bouches d'eau ne devaient pas avoir d'autre destination que l'alimentation publique.

Nous n'avons pas à insister davantage sur le côté économique du projet des eaux du Vigan. Ainsi que nous l'avons déjà dit, cette question sera traitée

(1) L'application du même tarif aux concessions actuelles bien réglées, produirait un revenu de 5,200 fr.

ailleurs avec tous les développements qu'elle comporte. Nous nous bornerons donc, pour terminer ce trop long mémoire, à soumettre les observations suivantes :

Observations
finales.

Les dispositions prises pour n'introduire dans les conduites que de l'eau pure et lui conserver toutes ses qualités précieuses seraient naturellement stériles, si la prise devait rester exposée, comme aujourd'hui, à toutes sortes de troubles.

La dépense première de 60,000 fr., faite pour la captation et la distribution des eaux de la source d'Isis, dépense dont les résultats aussi salutaires que productifs pour la cité, doivent assurer son bien-être, serait inutile, à son tour, si des entraves quelconques pouvaient en paralyser les effets.

Signaler en conséquence :

1° La nécessité d'acheter et de clore, ainsi que le prévoit le devis, le terrain qui contient la grotte, dans un rayon de 50 mètres environ ;

Et 2° l'urgence de mettre les usagers en demeure de faire valoir leurs droits sur toutes les eaux superflues actuelles, et de s'entendre, à cet effet, à l'amiable avec l'administration communale, c'est indiquer au Conseil municipal les deux mesures essentielles à prendre, afin d'assurer à la ville du Vigan le bénéfice entier de l'entreprise que nous lui proposons.

Vigan, le 2 août 1862.

LIOÜRE.

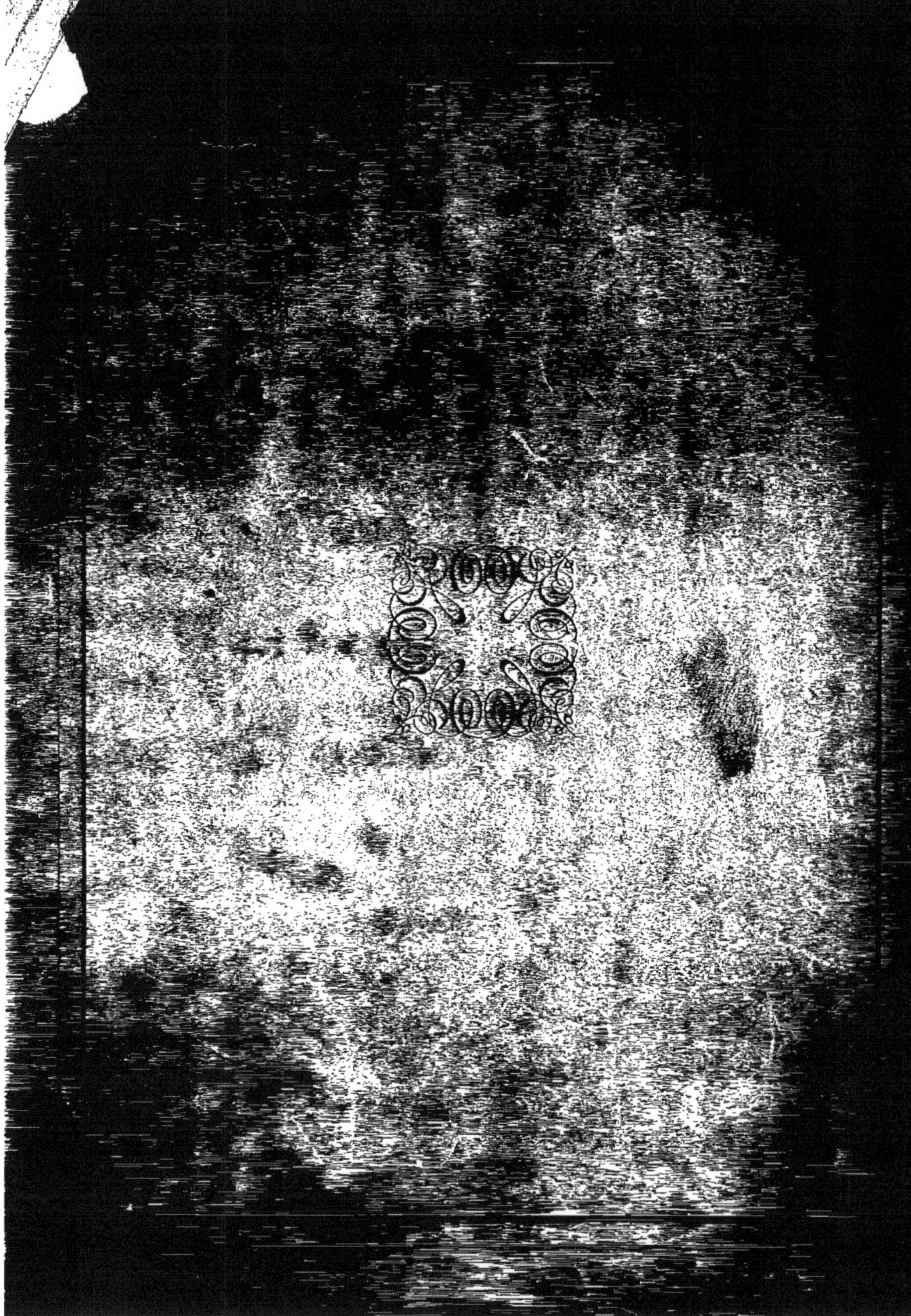

www.ingramcontent.com/pod-product-compliance
Ingram Content Group UK Ltd.
Pitfield, Milton Keynes, MK11 3LW, UK
UKHW022254120726
13694UKWH00003B/1068